雅鲁藏布大峡谷探险

YALUZANGBU DAXIAGU TANXIAN

张文敬◆著

希望出版社

目录

YALUZANGBU DAXIAGU TANXIAN

楔　子

XIEZI

20世纪70年代，我受命于中国冰川科学创始人、中国“冰川之父”施雅风先生，前往西藏参加中国科学院青藏高原自然资源综合科学考察。当时进藏途径是公路，进藏路线仅有两条，一条沿着青藏公路，从兰州出发，经过青海省的西宁、格尔木等地，翻越昆仑山、可可西里山、唐古拉山、念青唐古拉山进入拉萨，然后按照各专业考察的需要分赴各自的区域。另外一条，也是我第一次参加考察的进藏路线——川藏公路。

川藏公路是内地通往西藏的主要公路干道，分为南线和北线。北线贯通于1954年12月，线路长度为2412千米。后来，为了战备和边防建设的需要，又从新都桥镇开始，经过四川的雅江县、理塘县、巴塘县，西藏自治区的芒康县、左贡县到邦达镇，修通了川藏公路的南线。我第一次进藏是通过川藏公路的北线进入西藏的。那时候川藏公路的南线还没有建成通车。

2006年，我有幸应邀和《中国国家地理》杂志社主编单之蔷先生、中国科学院植物研究所李渤生教授、中国科学院地理科学与资源研究所尹泽生教授一同乘坐汽车，对川藏公路沿线的景观地貌进行了考察，再次翻越二郎山、雀儿山、达马拉山、业拉山等重要地标点，共同认定了川藏公路为“中国人最喜欢的景观大道”。而雅鲁藏布大峡谷恰巧是这条“中国人最喜欢的景观大道”必须经过的地方。

正是在第一次途经川藏公路时，我有幸结识了雅鲁藏布大峡谷，之后又为之付出了许多心血和汗水。

雅鲁藏布江发源于青藏高原喜马拉雅山脉北麓杰马央宗冰川的末端，之后沿着喜马拉雅山北坡自西向东，进入西藏东南部的林芝地区，在南迦巴瓦峰（海拔 7782 米）和加拉白垒峰（海拔 7294 米）之间穿流而过，形成了举世闻名的世界级大峡谷，再一路南下切穿喜马拉雅山脉东端山脊，出境后称为布拉马普特拉河，经印度、孟加拉国，注入印度洋。雅鲁藏布江在我国境内长 2057 千米，仅次于长江、黄河、黑龙江和珠江，位居第五；平均海拔在 3000 米以上，是我国海拔最高的高原大河。雅鲁藏布江还是我国水资源最丰富的江河之一，平均年径流量高达 1654 立方千米，仅次于长江和珠江；水能蕴藏量为 11348 千瓦，仅次于长江。

大峡谷地段属于雅鲁藏布江的下游地区。当路过川藏公路上的高原大湖然乌湖时，只见从然乌湖流出的帕隆藏布水流如射，两岸的山崖高耸入云，从谷底向空中望去，天空仿佛变成了一条窄窄的云河，与帕隆藏布的水流互相映衬，人在其中，那种感受实在是妙不可言。

帕隆藏布是雅鲁藏布江进入林芝地区后汇入的最大支流，也是雅鲁藏布江流域水量最为丰富的一条大支流。当我第一次翻越安久拉山口进入雅鲁藏布江流域时，觉得这里的地形地貌要比之前我见过的峡谷（包括令我震撼的怒江峡谷）要伟岸得多、壮观得多！尤其是雅鲁藏布江那马蹄形大拐弯更是美丽无比、魅力无穷！这就是我对雅鲁藏布大峡谷最初的印象。那个时候，包括我在内的所有科学考察队员都未曾意识到这个地区就是世界第一大峡谷，更不曾想到帕隆藏布的地貌构造景观，也会跻身于世界第三大峡谷之列。

在雅鲁藏布大峡谷两岸，不仅耸立着两座海拔 7000 米以上堪称世界级的高峰——南迦巴瓦峰和加拉白垒峰，而且海拔五六千米的群峰连绵，彼此呼应，互为犄角，构成了一处处山结地貌。正是这些雄伟壮观的山结地貌赋予了世界第一大峡谷，除了水流的咆哮、林海的浩瀚、峡谷的奇险之外，还有冰川的肃穆和凝重，冰崩、雪崩的豪放不羁和地动山摇。

自1975年以来，我先后数十次深入大峡谷的许多藏布（江）、弄巴（河）、曲支（溪流）的源头，越过雪线，领略那冰川雪原的无限风光。至今回忆起来，不少考察中的趣事无不历历在目，仿佛仍可清晰地听见自己在攀缘、穿越过程中那急促的心跳声和呼吸声……

珠西冰川

1976年，青藏高原自然资源综合科学考察工作已进行到第四个年头了。从1973年至1976年，在青藏高原上一直活跃着一支由数十到数百人组成的科学考察队伍，这就是中国科学院青藏高原自然资源综合科学考察队（简称“青藏队”）。在那个特殊的年代，由一大批中青年知识分子组成的大型综合科学考察队，在一个相对宽松的科研环境中，经过几年的艰辛努力和付出，收集了大量的科学资料，取得了大批高质量的成果，培养造就了一大批包括冰川学在内的中国现代地质学、地理学、生物学、大气物理学等学科领域的栋梁之材，这在中国现代科学研究史上是一件了不起的大事。

继1975年考察之后，我又参加了1976年的青藏队考察。我们冰川组将当年的考察重点放在珠西冰川上。

与豺狗“擦肩而过”

自波密县城往西，沿川藏公路行驶大约50千米，有一条支流自北而南汇入帕隆藏布，这条支流叫波得藏布。川藏公路从波得藏布通过时，跨过一座用钢筋水泥做桥墩的木板桥，桥的跨度足有150米，来往车辆可相向而行，这就是卡达桥。站在卡达桥上向西北望去，只见不远处有一条冰川悬谷，若是雨季或冰川消融的旺季，还能看见一挂瀑布自悬谷垂直而下，落入波得藏布中，那景致蔚为壮观！

我们此行的目的地虽不是那冰川悬谷，却也相距不太远，因为珠西沟离卡达桥不过 10 千米而已。

过了卡达桥，在波得藏布的西岸有一条乡间公路，一直通向波得藏布西支流的源头。在西支流的流域内冰流密布，森林茂盛，农田阡陌纵横，地跨三个区（当时的行政区划，现在均改为乡或镇）——倾多、玉仁和许木。珠西冰川就在倾多区内。当时正是 5 月下旬，我们乘汽车经八宿县，来到波密县的倾多区。

1976 年，青藏队共分三个分队：阿里分队，由青藏队队长孙鸿烈带队；

珠西冰川雪崩补给区景观

昌都分队，由青藏队政治部主任刘玉凯带队；还有藏北分队。我随李吉均老师在昌都分队。昌都分队队部设在昌都汽车运输站一座二层砖木结构的小楼内，科学考察活动范围在西藏东南部。我们冰川组将考察重点放在波密县倾多区的珠西冰川、察隅县境内的阿扎冰川和丁青县境内的波戈冰川。首选冰川则是珠西冰川。

5月28日，我们乘车来到珠西沟内一处水网交错的古冰川扇形沉积滩上，准备选定大本营和冰川水文站站址，建立大本营气象观测站，然后再上珠西冰川建立冰川综合观测站。

5月下旬，正是西藏东南冰川消融开始的时节，雨季即将到来，两侧山坡上的积雪开始酝酿雪崩，珠西冰川大规模消融、真正“繁忙”的时间还未到来。我们选择这个时间进山科学考察算是掐对了时机。太早了，一些冰川系统的自然地理过程观察不到；太晚了，就会错过冰川大规模消融的观测时机，而且季节雪崩也会堵塞山道，雨季的洪水更是一只拦路虎，会将你挡在山外上不得冰川，那整个科学考察计划准得泡汤！

大家正忙着察看地形、测量水位，我给李吉均老师打了个招呼，说到上游看看上冰川的山路就回来。李老师头也没抬，说了声“快去快回”，就又忙着和水文专业的杨锡金老师讨论建立水文站的事了。

顺着一条时断时续的林间羊肠小道，我向珠西冰川末端方向走去。也许是冰川研究的事业心使然吧，在我的考察生涯中不止一次地控制不了自己，一有机会，我就会单身一人贸然地深入杳无人迹的冰川区。

湿滑、阴暗的羊肠小道在茂密的原始森林中穿来拐去，一条流量不太大的山溪与山路“并驾齐驱”。林中高大的乔木上寄生或附生的植物，有的垂帘倒挂，有的古藤缠绕。有时猛地抬头，一双小而亮的黑眼睛正在前方的树枝上盯着你滴溜溜地转呢，原来是一只小松鼠正惊异于我这个不速之客的到来。我吓得冒出一身冷汗，小家伙头一扬，尾巴一竖，嗖的一声却跑得无影无踪。小松鼠的出现提醒了我，在那深邃的石洞里、幽暗的树林中该不会有什么大型动物吧！狗熊我不怕，只要不是狭路相逢，这种动物是不会主动进攻人类的，怕的是山猪、金钱豹和豺狗。虽然波密一带已不是孟加拉虎的栖居之地，但一个人行走在深山密林中，潜意识里总是怕在前方的路口突然跳出一只吊睛白额的“斑斓大虫”。

我听见了一阵叽叽声，循声向山溪对岸望去，原来是一只美丽的珍珠鸡领着一群小雏儿在林间觅食呢。一阵林涛声响过，仿佛听见了人们的欢笑声，是真有牧民在附近活动还是错觉？我努力分辨着声音的频率，可仍然是阵阵松涛和山泉的咆哮声……

高大的古冰川侧碛垄

顺着山路大约向上行走了 40 分钟，高度表告诉我所在的海拔位置与冰川末端不相上下，于是我放弃了山路，一头钻进了茫茫的林海中。我判断向右再爬过一个垄状堆积冈便会“别有洞天”，一定会走出森林见到冰川的。

在充满野趣的大自然中行走，人多了可以互相交流，那是一种享受；人少了，尤其当一个人独行时，还有一丝寂寞和恐惧，然而正是这种寂寞和恐惧往往更刺激！

就在这种刺激的驱使下，我终于登上了珠西冰川末端的终碛垄。站在城堡似的第四纪古冰川堆积物上向远处望去，一条巨龙般的冰流自五六千米开外的谷地源头蜿蜒而来；而冰川之源则是一道万仞石壁，石壁之上发育着无数条雪崩槽，其中规模比较大的有五条。丰富的冰雪物质从雪崩槽中淌出，在它们的下方形成一个接一个的扇形雪崩堆积体，这些雪崩堆积体正是珠西冰川的基本补给物质。也许由于雪崩物质补给的冰川具有较大的动力吧，珠西沟现代冰川的冰舌直抵新冰期终碛堆积堤内侧坡面。再仔细观测我所站立的新冰期终碛垄，在我的两边各有一个较小的 U 形出口，这显然是距今 300 多年前小冰期时冰川前进所为。一般来说，自 10000 多年前的末次冰期晚冰期以来，北半球冰川变化的演替规律是一次比一次规模小。也就是说，距今 3000 年的新冰期冰川的发育规模明显要小于 10000 年以前末次冰期晚冰期的冰川规模；而 300 多年前的小冰期冰川规模一定小于 3000 年前新冰期时的冰川规模；现在所看到的冰川，我们称之为现代冰川，它们在常规状态下发育的规模总是小于前几次的规模。而珠西冰川新冰期终碛垄曾被小冰期时的冰流所突破，这在冰川环境气候学、冰川动力学的研究中具有特殊的意义。看来将珠西冰川列为当年青藏队冰川组的重点工作区域，的确是明智之举。

原路返回，固然容易得多，但科学探险的冲动令我选择了另一条未知的回营之路。站在终碛垄往珠西沟谷地下游望去，茫茫林海一直延伸到波得藏布边，谷地两侧从天而降的山间瀑布，进入森林后便悄无声息地融入其中。

只见冰川对岸侧碛堤上的森林中升起几缕雾霭，我误以为那是季节牧场的牧民们煮晚茶的炊烟。一阵山风吹来，似乎还听到牧民们的说话声，我精神振奋，脚下生风，连走带跑地直冲对岸而去。

当来到对岸的森林和冰川的交界地带，我傻眼了，哪有什么季节牧场和炊烟！一条比上山时更窄的路隐约可见，其间还生长着不少的杂草和荆棘，显然是很长时间无人走过了。地上留下的动物足印七七八八，有偶蹄形的，那多半是家养的牦牛、黄牛的脚印；有半圆形的，那也多半是马、驴、骡子的足迹；有爪痕的，那分明是藏马鸡、珍珠鸡和山鸡的印迹；还有梅花形的，这些可能就是猫科动物的足迹了——看来金钱豹时常在附近出没。当地老百姓说这里有三大害：狗熊糟蹋禾苗庄稼，豹子偷鸡吃羊，豺狗残害牛马驴骡。

藏东南一带山高谷深，往往不到黄昏天色就有几分暗淡了。既然走到这地方，就只能像蚯蚓那样“拱”一步算一步。好在是下山，体力消耗不太大，再说谷地就那么宽，凭借自己野外考察的经验，归队的大方向是不会错的。

就在接近谷底的时候，眼前突然一亮，我已经穿过了茂密的森林，来到一片蒿草丛生的开阔台地。在冰川地区，这些台地多半曾经是古冰川覆盖的地方，后来又被冰川融水夷平。台地估计有两三级，越过这几级台地后十有八九会与选建水文站的队员汇合。有了目标，我浑身又来了劲，三步并作两步，不一会儿工夫，便来到了开阔地的尽头。果然，下面还有两级较小的台地，台地上长满了蒿草、灌丛，原来的森林已被砍伐殆尽，因为我发现在灌丛、蒿草之中到处都是高低参差的树桩。

正当我准备下到第二级台地的时候，突然听到一阵动物扑打嗥叫的声音，循声望去，只见在森林的边缘，三只似狼似狗的动物正在围攻一匹青鬃大骡子！骡子似乎感觉到有人来了，挣扎着四蹄奋起，鬃毛直立，瞪大的眼睛里露出哀求的目光，试图冲出包围圈。起初我以为是三只牧民家养的猎犬在欺负大骡子，并没有在意，但转瞬之间觉得不妙，那三只动物分明是豺狗，这种动物专门偷猎家畜的五脏六腑。我随即掏出口哨猛吹，心想再凶残的动物也会怕人的，被我这么一吓总该奏效吧！可是为时已晚，就在我吹响哨音的同时，说时迟，那时快，一只豺狗已经跳起伸出前爪，以迅雷不及掩耳之势，活生生地将大青骡的内脏从肛门中拽出。一股冒着热气的鲜血随即喷出，地上的蒿草顿时被染成殷红，大青骡绝望地一回头，便颓然倒在了被热血染红的草地上。被哨音惊动了的三只豺狗并没忘记自己的胜利果实，拖着大青骡的内脏钻进旁边的密林中去了。

一幕弱肉强食的惨剧就在离我不足 50 米的地方上演了，前后不过 5 分钟！

后来在西藏东南部的十几次冰川考察中，我不止一次地见到家畜被豺狗袭击后的残体。当地人说豺狗极机智，胆量也大，不好捕猎，没办法，只好听之任之，谁家要是碰上了，只能自认倒霉。

好不容易回到河滩地，冰川组的队员刚好做出此地不宜建站的决定。我便向他们讲述了我的惊险经历，却没有引起大家的丝毫兴趣，只是组长李吉均老师随口说了声：“以后不能一个人单独行动。”

水文站的确定

河滩地的地势太平太宽，辫状水系太发达，很难控制断面的过水流量，冰川消融旺季一到，加上季风雨季来临，更会加宽河道的过水断面，甚至连营地也可能受到洪水的袭击。一时间，水文站建在哪里，成了大家最关注的话题。

按照野外科学考察规范，冰川水文站的水文观察断面距冰川末端越近越理想。原因很简单：好算账，好算水账，尤其好算冰川的积累和消融的水账！一条现代冰川到了消融季节，它的消融区便会发生冰体的消融。冰体的消融与气温的升降、太阳辐射的强弱、周围小气候环境的变化、地球大环境的演替都有着十分密切的关系。

冰川分为消融区和积累区。在大气降水过程中，我国这些中低纬度地区的高山地段都是大雪飞扬，山舞银蛇，原驰蜡象，除少部分雪在太阳辐射热的作用下发生融化外，大多数会被保留下来。当雪层沉积到一定厚度时，在重力作用的影响下，一方面疏松的雪发生密实化的变质作用，部分被融化的雪水在雪层中渗浸、流动时被未融化的雪层吸收再冻结；另一方面，密实化和被融水渗浸再冻结的雪层缓慢地向谷地的下游运动，再通过运动中的动力变质而变成了冰川冰。由于谷地的下游海拔低，气温高，当冰川运动到某个高度后，那里的热量条件足以使冰体发生大规模的消融，并且消融的冰川水足以在冰川的下游形成一条河流。科学家们就把这一高度以上以固态积雪为主的地段称为冰川的积累区，把这一高度以下以液态降水和冰川消融为主的地段称为消融区，这一高度也就是过渡平衡线，被称作冰川的雪线。

冰川的雪线是冰川的生命线。当某一地区的积雪增多，气温降低，消融强度减弱，冰川的积累量势必大于消融量，那么雪线便会下降，冰川厚度增大，长度变长，冰川末端就会前进；当积累区的积雪减少，气温升高，不仅积累区的冰雪物质减少了，而且消融区的消融强度也增大了，雪线便会上升，冰川便会变薄、后退。

不过，冰川的这些变化并不是用眼睛可以观测到的。20 世纪 70 年代，我国还没有成熟的遥感技术，科学家们都是通过一些比较传统的研究方法进行观测、计算和推断，比如冰川水量平衡法便是最方便、最准确的一种科学研究方法。所谓冰川水量平衡法就是通过每年冰川末端水文断面所通过的冰川融水量与冰川上游的积累量进行平衡比较，便可以比较准确地界定某条冰川积消物质平衡的现状和趋势。冰川积累区的积累量可以通过挖雪层剖面或埋设积累花杆的方法进行测量，而冰川消融区的消融量则可以通过冰川末端水文断面的过水流量的监测而获得。现在不同了，有了卫星遥感、激光测距和 GPS 定位，我国的冰川研究水平已进入世界的前列。不过要想获取第一手资料，野外科学考察在相当长的时间内仍然不可或缺。

珠西沟冰川的水文断面测量不能在距冰川末端较近的地方进行，这将为以后的工作带来难度，但还是可以找出一些较科学的办法进行各种径流分割，不过精度会受到一些影响。好在这种大规模的面上考察，其科学数据的精度可粗可细，只要能掌握大的趋势就不失为好的科学研究成果，何况这里距波密县城不远，有许多常年的气象水文资料可供借鉴，关键问题是把水文站建在哪里最合适、最方便。

河流辫状水系

经过一番论证后，大家决定沿来时路到珠西沟下游去寻找较为理想的水文控制断面。

没想到，在珠西沟流域内分布着十分丰富的第四纪古冰川沉积物质，山一般高大的终碛垄和侧碛垄相扣相套。冰碛物上大多生长着茂密的原始森林，在靠近波得藏布的冰碛物上生长着比较单一的种群，主要为青冈树，间或还有松杉类的乔木。每两列冰碛物之间都是一个小盆地。由于冰退时间长达几万年以上，冰川迹地的土壤发育良好，一些村庄散布其间，四周阡陌纵横，土质肥沃。当时正值小麦抽穗、青稞扬花、油菜花盛开的季节，村前庄后柳树杈上的蜂窝里，蜜蜂们成群结队地飞进飞出。

由于青藏高原的抬升，河流水系为了适应一定的地质地理环境，必然对所流经的下伏地形进行切割。当珠西沟河水流经这些冰碛物和冰碛物之间的盆地时，也深切出一道弯来拐去的峡谷。当峡谷通过乡间公路时，其宽度被收束在不足 30 米的范围内，一座木架公路桥跨谷而过，珠西沟内所有的径流量都经过这里流向不远处的波得藏布。

这里正是比较理想的水文观测断面所在地。虽然离冰川远了点，但比前两天在扇形地上看到的辫状水系容易控制得多。至于非冰川系统的径流量，只有用波密县气象站的历史资料、倾多区以前曾有过的短期观测资料以及这次考察中即将获得的冰川流域上下两梯度站的资料，根据固有的公式来进行分割计算。杨锡金老师看到这么理想的水文观测断面，禁不住高兴起来，直埋怨自己几天前进沟时怎么没注意到这个“风水宝地”。翻译江勇却因这里离牧场远了，喝不到新鲜的奶茶而感到遗憾。单永翔指着桥下几十米远的一处水磨说，虽然喝不上新鲜奶茶，但天天可以吃到新鲜的糌粑啊。果然一阵江风吹来，一缕诱人的青稞炒面香味飘了过来。

在西藏，凡是有人居住的地方都有水磨这种设施。无论在世界的最高峰珠穆朗玛峰地区，还是在世界上最长最深的雅鲁藏布大峡谷地区，都可以听见水磨那不知疲倦的咿呀咿呀的转动声。

在一些地区，原木造就的水磨房，经过人们的涂抹装扮，成了一道亮丽的风景线。更有意思的是，我在雅鲁藏布江流域的米堆冰川考察时，还看到当地信奉佛教的农牧民，利用水磨来转动经轮：用竹竿或树干做成被水带动的轮盘，用轮盘的主轴带动经轮永不停息地转呀转，既不耽误他们的农牧业生产，也不影响他们对佛的虔诚。

波密倾多区的水磨房

利用水磨转动经轮

在新建的水文站附近，也有这样的水转经轮。

随着水文站的建立，一个颇具规模的气象园在公路拐弯处的冰碛台地上拔地而起。

中间是两顶绿色的军用大帐篷，分别作为厨房、食堂和仓库保管室，周围还有七八顶彩色尼龙帐篷，一时间，我们的考察营地成了名副其实的“帐篷村”。来往路过的当地群众、部队战士常常在我们的帐篷村歇脚，青藏队其他专业组的队员路过卡达桥时也会绕到帐篷村来住上一两夜的。

水文站建好后，除了负责水文观测的杨锡金老师和气象观测的单永翔，其余人员全部上珠西冰川。

珠西冰川是一条90%靠雪崩补给的再生型现代山谷冰川。雪崩区陡壁的最高处海拔达6000多米。大量的冰雪物质通过大小不一的数十条喇叭形的雪崩槽，从极高地带频繁地跌入珠西谷地的上源，形成一个接一个的裙状雪崩锥。在地球引力作用下，雪崩锥的冰雪物质以人类感觉不到的速度向下游缓慢地运动着，形成了长达5000多米的珠西冰川。

由于是雪崩型再生冰川，珠西冰川虽然在中国现代冰川家族中还算不上大型山谷冰川，但它末端的海拔高度却丝毫不让那些大型山谷冰川。根据当年的测量，珠西冰川末端海拔为2980米，和四川著名的海螺沟冰川末端海拔高度一样，整个冰舌完全被两侧的原始森林所包围。

后来经过多次考察，发现在我国的季风性暖性冰川区，越靠近冰川，原始森林越茂密。尤其在紧邻现代冰川的新冰期终碛垄和侧碛垄上，虽然冰碛物中的土壤化程度并不高，热量条件也不如下游海拔更低的区域优越，但那上面却生长着浓郁的参天大树，有的大树甚至因高度太高、冰碛物太疏松、扎根不稳而倾倒，而新的树木又发疯似的拼命往上蹿，直到某一天也因为扎根不稳倾倒为止！

2006年，应《中国国家地理》杂志社主编单之蔷先生之邀，对川藏公路段进行科学考察时，我针对这种特殊的森林现象提出了“冰川雨林”的科学概念。后来我又应邀参加了《现代科学技术知识词典》（第3版，2010年10月由中国科学技术出版社出版）词条的撰写工作，其中有关地理、冰川、环境等方面的内容由我完成。我对“冰川雨林”是这样解释和界定的：冰川雨林，分布在季风性暖性冰川区附近的原始森林。在中国西藏东南部及横断山脉地区，生长着大片以针叶林为顶级群落的原始森林。这里平均气温

冰川雨林景象

10℃左右，年降水量最高在2000毫米以上。越靠近现代冰川的第四纪古冰川堆积物，如侧碛垄和终碛垄，雨林生长得越好。上层为铁杉、冷杉和云杉共生的高大乔木林，平均高度在30米以上；中上层多为桦、栎、杨、柳等乔木；中下层有杜鹃、花楸、高山柳等分布；底层生长着菌类和苔藓、藻类、蕨类等植物。林中藤蔓攀爬，松萝飘拂，湿度大，幽闭度高。冰川雨林的发育与岩性复杂的古冰川冰碛物可提供丰富的矿物元素有关；融水和高强度的降水也为冰川雨林提供了良好的水分条件。季风性暖性冰川的活动层冰温为0℃，在冬季可以为周围林区散发一定的热量，在一定程度上改善了冰川雨林生长的热量环境。

当我第一次谈及“冰川雨林”这一科学概念时，单之蔷先生说他在考察贡嘎山冰川环境时曾经提到同样的概念，他还写过一篇科普文章，专门就“冰川雨林”进行了描述和探讨，并且投给了一家杂志社，可惜没有发表。

2006年作者和单之蔷（左）、李渤生（中）在川藏公路沿线考察

不过我倒是很佩服他的敏锐洞察力，真是英雄所见略同啊。

与狗熊相遇

冰川考察营地建在冰川南侧的扇形地上。两条清冽的溪流从营地上方流来，在营地前不远处汇合，再沿谷地流向冰川的下游。溪流两边长满了灌木和蒿草。受到岸边植物的滞留，水流虽急，却没有像一般山溪水那样咆哮而过，这倒为我们的营地平添了几分宁静的气氛。

我们在营地附近建立了冰川气象站、不定期水文测流点，在冰川上埋设布置了观测物质平衡和冰川运动的花杆断面。

李吉均老师、牟昀志老师和翻译江勇帮助我们建好营地后，随即下山开始了更大范围的线路考察，冰川营地留下了包括我在内的四名成员，由我负责山上的各项常规观测考察工作。其余三人都是兰州大学即将毕业的工农兵学员。

可别小看这几位！协助我负责现代冰川考察的是冯兆东，一个来自甘肃定西的小伙子，中等个儿，敦敦实实，工作起来认认真真，休息时间英语课本不离手。

协助我搞冰川运动速度测量的小伙子叫张义，这位来自甘肃武威的年轻人自称是三国时期蜀国“五虎上将”马超的老乡，个子虽高，却不笨拙，上大学前曾在家乡管理过祁连山引水灌溉渠，不仅对水渠系统中的主渠、干渠、斗渠、细渠、毛渠了如指掌，也向水利管理处的技术人员学了一套过硬的测量技术。每次测量归来时，一路总是反复哼唱着：“队长说，生产队里开大会……”一腔的西凉调。

负责冰川气象的小伙子叫白家齐。

“别看我长得黑，可是我姓白，一黑一白，扯平了。”小白来自青海的格尔木，人长得高大结实面色黑。

我们在珠西沟冰川营地整整待了三个月！

在那三个月当中，无论刮风下雨还是晴空万里，我们每天必须按照事先拟好的计划工作：早饭后大约九点钟从营地出发，一头钻进那密不透风的亚热带亚高山针阔混交林中，上到冰川上，进行一天的考察和测量工作，直到下午五点才能返回。新冰期冰碛漂砾上长满了苔藓，滚圆溜滑，踩上去稍不小心便“马失前蹄”，好在时日一长，慢慢习惯了，走起来也顺当多了。几个月上上下下，一条林中小道居然被我们踩出来了。

大约是两个月后的一天，当我们再次上冰川时，小冯眼尖，发现路面上有些小石块被翻动过。当地民工曾经告诉我们，说狗熊喜欢吃蚂蚁，山中不少石块下面都藏有蚁穴，狗熊常常边行走边用前爪和嘴巴翻动路面上的石块，以便舔食那美味的高蛋白食物。这里距营地很近，万一与狗熊狭路相逢，真不知道会发生什么意外呢。

自从安营以来，晚上总是听见帐篷外面有动物走动的声音，我宽慰大家说，不要紧，这是从半山腰季节牧场中跑上来的牦牛。自从发现路面上有被狗熊翻动过的石块后，大家都不信我说的话了，其实我也意识到那一定是狗熊或别的什么野生动物在光顾我们的营地。这倒不奇怪，每天营地厨房里都会有剩菜剩饭，可能是饭菜的香味吸引来了野生动物。

又过了几天，我和张义从冰川上测量归来，刚走出树林，张义又是一声吼："队长说，生产队里开大会……"歌声未落，猛然发现离营地不远的山坡上散布着四个小黑点。他说："张老师，我发现狗熊了，四只。"我取出望远镜，顺着小张手指的方向望去，果然看见四只狗熊在太阳底下嬉戏玩耍，两大两小，大的显然是熊爸爸熊妈妈，小的无疑是两只熊宝宝了。

那时候，人们的野生动物保护意识淡薄，我 30 岁上下，几个学生更是年轻，回到营地一商量，大家都说"打"。白家齐说山上油水少，正想吃熊掌哩。地方部队给我们配备了四支七九式步枪，百米开外都有极大的杀伤力，四支枪对付四只狗熊应该不会有大的问题。我们决定四个人兵分两路，朝左右两处制高点爬去。我和白家齐负责点射两只大的，小冯和小张负责对付两只小的。为了防止发生人身伤害，我规定了几种旗语手势，叮嘱大家千万听从我的指挥，统一行动，宁肯打不着狗熊，也不能伤害了自己！

半个小时后，我们各就各位。由于距离很近，又是居高临下，四只狗熊那憨态可掬的神态看得一清二楚。两只熊宝宝四脚团住在树影婆娑的石碛地上无忧无虑地翻滚着，两只大狗熊忘情地欣赏着熊宝宝的天真游戏，丝毫没有察觉到在它们附近竟然有四支黑洞洞的枪口瞄准着它们！

"可爱的森林尤物啊！你们本该是人类的朋友，可是糊涂的人类为了自己的一时之快，为了碗中一餐之馐，无端地残害你们。"一个念头在我心中闪过。

最终，我未能举起那面红白两色的三角小旗，太沉重了！我乏力地垂下了手，垂下了手中的旗，也垂下了手中的枪。我下意识地叹息一声，惊动了正玩得起劲的狗熊，只见两只大狗熊掉头就跑，两只小熊随即翻身跃起，跟着熊爸爸熊妈妈迅速钻入附近的森林中，很快便消失得无影无踪。

我们默默地回到营地，大家好一阵子都不说话。我想三个同伴一定不会埋怨我为什么不举旗发令射击，如果我真的举旗发令的话，我一定会后悔一生，几个年轻人也不会原谅我的。真庆幸我那一会儿的良心发现！

拍摄到了大雪崩

不少观众在一些电影或电视上看到过一组雷同的大雪崩镜头，这组真实的镜头最初出现在上海科学教育电影制片厂所拍摄的科教片《世界屋脊》中。当年《世界屋脊》剧组由导演殷培龙带队来到我们珠西沟冰川营地，大约等了两个星期，终于在一天午后拍下了那组经典的大雪崩镜头。

雪崩，在我国的冰川地区简直是家常便饭。白天忙起来还不觉得，到了夜晚，当你即将进入梦乡的时候，雪崩开始了。说是“开始了”并不对，因为一天 24 小时随时都会发生雪崩，只是当你昏昏欲睡的时候，才感觉到雪崩的存在，常常搅得人心烦意乱，欲睡不能。

就在我们遇见狗熊的几天后，电影组一行来了。殷培龙导演带来了组长李吉均老师的信，信上说上海科学教育电影制片厂导演殷培龙一行专程上珠西冰川等候拍摄大雪崩镜头，同时也想现场拍摄几组我们冰川组科学考察的资料画面。李吉均老师要求我们密切协助配合，说电影拍摄也是青藏队科学考察的重要内容。

当时殷导演已年届五十，但看上去却不满 40 岁，熟悉他的人无不赞叹他“驻颜有术”。殷培龙和殷虹导演一样，被誉为上海科学教育电影制片厂“五大强盗（导演）”之一。我和殷虹很熟悉，后来我们还成功合作拍摄过一部著名的科教片《中国冰川》。

在中国电影盛行《新闻简报》的年代里，殷培龙和他的同事们在四川北川县一带拍摄的科教片《熊猫》曾让人耳目一新；他参与拍摄、制作的《西藏的江南》《无限风光在险峰》等科教片也曾轰动一时。

西藏东南部的雅鲁藏布大峡谷地区是一座天然食品的宝库，虫草、天麻、野山菌、野木耳、野蜂蜜、野山桃、野韭菜，随处可见。在考察期间，我们哪顿饭也少不了一盆半锅的天然食品。珠西沟雨水多，雨过天晴，我就招呼一个助手陪着我去森林中“收获”蘑菇和木耳。人们习惯用“雨后的春笋”来形容某种事物发展迅速，其实用“雨后的蘑菇”或“雨后的木耳”或许更贴切。天晴时并不显眼，但一阵大雨后，林中的雾气还未散去，树下的蘑菇、枯树上的木耳就迫不及待地竞相生出一簇簇鲜嫩肥美的菌朵来，真是随雨生见风长。蹲在一棵树下，十来分钟就能采满一塑料桶的蘑菇；守住一棵倒伏的青冈枯树，二十分钟保证你满载而归。我们就像童话故事中的兔妈妈，提着沉甸甸的蘑菇、木耳欢快地返回营地。

在大峡谷冰川区科学考察中，我们最感兴趣的还是采木耳。新鲜的木耳肥嫩嫩的，半透明胶状，有白色的、黄色的、红色的、棕色的，当然多数是黑色的，就是人们常说的黑木耳，只是新鲜黑木耳并不太黑，而呈棕黄色。采木耳的好处在于：一是吃得放心，二是木耳的口感好，三是木耳的营养价值并不亚于蘑菇。电影组的殷导演则有一手绝活——新鲜木耳炖糯米稀饭加白糖放味精！说这是他家多年的“保留食谱”，只是在上海很难买到木耳的鲜品，这次在珠西沟算是圆了他的“保留食谱”梦，还说这种吃法最有营养。我们似信非信，但殷导演一说到这个食谱就眉飞色舞，每天早饭一揭锅，嘴里便不停地发出兴高采烈的啧啧声。

说实话，殷导演岂止是会吃，还会做，不仅早饭这道“新鲜木耳炖糯米稀饭加白糖放味精”令人百吃不厌，就是中午、晚上的饭菜，在他的指点下，也变得海味山珍般的香醇可口。

“新鲜木耳炖糯米稀饭加白糖放味精”虽然好吃，可是分配到组里的白糖和糯米，也随着电影组的工作结束而告罄。

木耳是生长在青冈等树种上的寄生菌类。在珠西沟冰川区，不光腐朽的青冈树上生长着大量的木耳，在倒伏的桦木、柳树上，甚至一些松树、杉树上也生长着木耳，不过这些木耳的品质绝对比不上青冈树上的优良，太木质化，口感不好，我们都看不上。

其实，珠西沟最上乘的山珍应该是松茸，当地群众叫它青冈菌。松茸这种菌的菌种——蜜环菌必须有松杉一类的乔木做寄主才能繁衍发育，只有那些以青冈林为主，间有松杉乔木混交的森林中才能采摘到这种菌中极品。日本人十分喜欢中国产的这种蘑菇。在20世纪80年代，不少开发商拥进西藏的波密、林芝一带，竞相收购新鲜松茸和盐渍松茸，以最快速度销往日本等国，为当地人增加了收入，也为国家赚取了不少外汇。松茸之所以极受外国市场的青睐，除了鲜美喷香的口感之外，据说还有防癌治癌的功效。

可惜的是，当年我们在珠西沟考察时有眼不识金镶玉，虽然也知道那些青冈菌好吃，但并不了解它们的营养功效和药用价值，加上害怕蘑菇中毒，宁肯多吃野生木耳，见着蘑菇尽量绕着走。

大峡谷地区的松茸

在连续雨雪天气后

的一个晴天，电影组架设在我们冰川营地靠冰碛垄一侧的高倍电影摄影机，终于等到了一场特大型雪崩的全过程。根据我们事先的估计，建议殷导演将摄影机镜头对准珠西冰川源头后壁的 2 号雪崩槽。2 号雪崩槽是珠西冰川源头最大的一条雪崩槽，喇叭形状的雪崩槽像一张朝天张开的巨型嘴巴，直通山体海拔 6000 多米的绝顶，而且这条雪崩槽的中上部位还汇合了不少树枝状的中小雪崩槽。主流雪崩槽和各个支流雪崩槽中，都汇积了成千上万吨随时可以暴发雪崩的冰雪物质，这是多年来高山降雪的结果。随着季节的变换，太阳辐射的加强，气温的不断升高，无论是主流雪崩槽还是支流雪崩槽，某个部位一旦产生些微的错断、走滑和崩塌，都可以诱发一场惊天动地的大雪崩。

果然被我们言中了。最初只是听到雪崩槽上部有单个雪崩传来的声音，好似零星爆竹的炸裂声，少顷，便像挂鞭点燃后那样断断续续的雪崩声音传来，紧接着便是惊雷四起，似千军万马奔腾开来。当我们纷纷拥出帐篷时，在惊天动地的雪崩声响的同时，只见那冰川上游的雪崩区，一片铺天盖地的雪浪汹涌而下。殷培龙导演早就指挥着摄影师钱斌操纵着那 35 毫米电影摄影机，一会儿推，一会儿拉，一会儿摇，一会儿特写，一会儿定格，一会儿全景。直到雪雾退去，那雪崩槽内的冰雪物质仍在不停地向喇叭口的下部倾泻、流淌……我们还担心殷导演没抓住雪崩最初发生时的瞬间，没想到，殷导却说皇天不负苦心人，他吃完午饭就没进帐篷，一直守在摄影机旁边，在听到第一声雪崩时，站在他身后的钱斌就打开了摄影机，直至雪雾散去，足足拍了十几分钟！我们扭头再看钱斌，小伙子的脸庞上早已大汗淋淋。钱斌说，当他从摄影机镜头中观看到那一泻千米的特大雪崩景观时，几乎停止了呼吸，生怕呼吸会引起手的抖动，会影响大雪崩画面的完美和连续。

次日一早，白家齐将气象站的观测事宜处理停当，他也想同我们一道上冰川参加考察。由于下午两点才进行第二次气象观测，时间完全来得及，我同意了他的请求。那个年代听说拍电影、上镜头，大家热情极高，争先恐后地为电影组扛机器、背片箱。小冯、小张两个小伙子上冰川如履平地，扛着机器飞跑，急得殷导在后面一个劲地高叫：“慢一点！慢一点！别摔坏了机器！”一上冰川，电影组的成员就被那目不暇接的冰川消融景观深深地吸引住了。

雪崩锥

大凡现代山谷冰川的消融区，猛地一看，会令初上冰川的人大失所望，原来心目中所想象的那种洁白、晶莹、水晶般的冰川园林一概见不着，眼前只是一堆一堆的“烂石头”，倒是那些“烂石头”之间大大小小的湖泊还有些诱人。其实，除了那些冰面湖泊之外，诱人的东西还多着呢。这就得你亲自迈上冰川，找一块“烂石头”坐下，然后前后左右仔细地观察。你会惊奇地发现：原来冰川真是美丽得出奇，包括你就坐的那块“烂石头”也非同一般，也许那就是一个冰蘑菇。石头下面是一个冰础柱，冰础柱是和几千米长、几百米厚的现代冰川连为一体的！这一发现会使你大开眼界，噢，类似的冰蘑菇到处皆是。看得多了你还会发现，那冰柱上面的石头形态各异，大小不一，有的圆，有的方，有的短，有的长；有的像几，有的像凳，有的像案，有的像桌，有的像房屋。在冰川学的词典中也可以找到它们的名字：冰桌、冰凳……当然，这些都是比较大的冰碛石。当冰碛石小到一定尺寸，非但不能形成冰蘑菇，反而因石块的颜色深暗容易吸收太阳辐射热并很快传热给下面的冰体而越陷越深，便形成另一种冰面负地形景观——冰井。冰井中充满了冰融水，冰融水清冽甘甜，考察累了，以手当勺饮上几口，真是沁人心脾，疲劳顿消。当然，冰川上的融水远不限于冰井、冰杯和冰面湖泊，更有蛛网式的冰面河、冰内河和冰下河。

电影组的成员们欣喜极了，说就在这里拍吧。我说："殷导，你别着急，锣鼓才开张，好戏在后头。"

巨大的冰蘑菇

殷导他们将信将疑，不得不跟着我继续往冰川腹地走去。

我们顺着一条不宽的冰面河小心翼翼地前进着。这一带表碛石少了，裸露的冰川冰多了，走起来很滑。按规定上冰川要穿防滑钉子鞋。一来珠西冰川表碛石块多，穿钉子鞋实在是弊多利少，再者上冰川人多，要穿的话，钉子鞋也远远不够。不过我心里却很高兴，因为根据经验判断，更漂亮的冰川地貌景观一定距此不远了。

各种形状的冰蘑菇

冰面河

果然半小时之后，我们脚下的冰面河突然消失了，哗哗的溪流声被细细的滴水声所取代。电影组成员们看到这“山穷水尽”的样子，无不将责怪的目光投向我这个冰川引路人。我不慌不忙，率先一个箭步翻过一个不高的表碛丘。霎时，一股凉爽的清风徐徐吹来，暖暖的阳光从头顶射下，我把手搭在额前，顺着凉风吹来的方向看去。嗬，好大一个冰溶洞！我赶忙招呼后面的人说：“快过来，我发现了一个洞天福地！”

真是一处水晶般晶莹剔透的洞天福地！

摄影组在冰川上工作

在大峡谷地区的季风性海洋性冰川或者季风性暖性冰川区，由于空气湿度大，太阳光以短波直接辐射的方式进入大气层被空气中的水分子吸收、散射后，多数变成了长波辐射。近冰面的长波辐射所引起的乱流热交换方式，不像太阳光短波直接辐射那样具有明显的方向性，乱流热可从不同方向对冰体进行消融。所以在雅鲁藏布大峡谷冰川区，虽然看不见像珠穆朗玛峰地区那样，由太阳直接辐射所塑造的冰塔林景观，但却可以让我们领略到冰溶洞这样的冰川热融喀斯特地貌景观。

人们往往会问一个问题：中国的冰川距离海洋那么远，为什么会有“海洋性冰川”一说呢?

按照冰川的环境特征和物理属性，冰川学家将冰川分成海洋性冰川和大陆性冰川两大类。大陆性冰川是指分布在类似南极和格陵兰大陆腹地的冰川，以及我国青藏高原和高山上的冰川。海洋性冰川则主要指那些发育在距离海洋很近，甚至冰川末端伸入海洋之中的冰川。因为最早有冰川学家在类似北美洲阿拉斯加和欧洲阿尔卑斯山脉一带观测到距离海洋很近或者冰川末端直抵海洋的冰川，而且这些冰川下游发育着茂盛的原始森林，同时具有补给量大，消融量大，运动速度大，冰川本身的温度接近 0℃等特征，于是冰川学家就将这类冰川称为“海洋性冰川”。

就在青藏队对西藏东南部的现代冰川考察中，发现那里的冰川也具有积累丰富，消融强烈，运动速度快，冰川活动层以下的冰川温度接近 0℃等特征，还有，这里的冰川消融区也生长着大片的原始森林。后来对横断山一带的冰川进行考察，发现它们和西藏东南部的冰川具有类似的物理属性与环境特点，于是便将西藏东南部和横断山一带的现代冰川命名为中国的海洋性冰川。由于中国的海洋性冰川的物质补给主要受惠于西南季风和东南季风的影响，因此又将它们冠名为“季风性海洋性冰川”。这种季风性海洋性冰川的温度接近于 0℃。0℃对于冰川而言，相当于“生命线”的临界最高温度，所以冰川学家也将它们称为“季风性暖性冰川”。

冰溶洞

这是一处大型冰川热融喀斯特溶洞。经过水化学作

大陆性冰川及其环境

海洋性冰川及其环境

用的喀斯特溶洞的地质基础是石灰岩，而由热融作用形成的冰川喀斯特溶洞的物质构成却是冰川冰，二者之间无论形成的理化机制还是物质特性都具有本质的差别。

张义凭借测绘经验告诉我们，这个溶洞的洞门高宽足有 30 米。

来时消失的那条冰面河流，从刚才我们翻越而过的冰川表碛丘下涌出后，又出现在面前的这座冰川溶洞口。

钱斌等几个小伙子从来没有见过这些冰川奇观，深深地被这城门似的冰洞所吸引。年轻人的好奇和冲动让他们不由分说便往洞里钻，我说千万别急，因为“城门洞”的顶棚上由于消融而向下滴水，水珠溅落在冰洞的底板上发出十分悦耳的声音，同时由于消融的缘故，溶洞上方还会不时地跌落一些冰碛石块。一颗鸡蛋大小的石块，要是从 30 米高处落下，砸在头上可不是闹着玩的。我和殷导商量后规定说，凡是进出洞口时必须事先有人监测溶洞洞口上方的一切动静。野外科学考察必须安全第一。

从外面看，只感觉到那冰溶洞的空旷、壮观和雄伟。当我们进入洞里之后，更感觉到冰溶洞的奇绝与精美。进得洞来，很快就适应了洞外洞里光线差异对眼睛造成的不适感，只见洞深足有 30 多米，洞壁靠上游一侧汇集了好几条冰流暗河，与洞口的小溪流交汇后在不远处再次潜入冰下，只听见水流的咆哮声渐次远去。

冰洞的晶莹剔透不用多说，由于冰体消融，冰壁呈叠瓦状，好似许许多多凹面聚光镜镶嵌而成。从洞口上方射入溪流的阳光反射到冰壁上，冰壁上银光闪闪，犹如星光灿烂。在冬春气温较低时形成的冰钟乳、冰笋，或像宫灯似的悬挂在洞顶，或似水晶树林簇生在洞底。融水不断地从冰钟乳的末端滴答落下，溅落在水潭中，溅落在冰笋上，发出不同音色的声响。有的冰笋虽然因消融只剩下残根，给人一种沧桑的凝重感，不过可以想象，要是冰洞不坍不塌，经过下一个冬春的轮回，新的冰钟乳、冰笋还会重生，也许更加绚丽，更加璀璨。殷导问我，这冰洞形成了多少年？还能存在多少年？我说还没有进行过专门考察研究，我说不准，不过有一点很明确，那就是根据冰川的长度和运动速度可以推算出冰洞存在的最大年龄；根据冰洞顶部的厚度和冰川地区太阳辐射、温度及消融强度等状况，可以推算出冰洞还可能存在的最短年限。珠西冰川长约 5000 米，平均年运动速度约 100 米，那么冰洞自冰川上游开始，运动到冰川末端最长时间不过 50 年，这个冰洞距上游已有 3000 米的距离，因此形成的最长时间不会超过 30 年，继续存在的时间不会超过 20 年。事实上，冰溶洞最初形成的地方不可能出现在冰川的最上游，所以它存在的时间远短于 30 年；越往下游冰川消融速度越快，珠西冰川中下游年平均消融厚度达 5 米以上，我们所在的冰洞顶部最薄处不过 25 米，也就是说，再过 5 年时间，这处冰洞将会因冰体的消融而顶穿壁塌最后消亡。

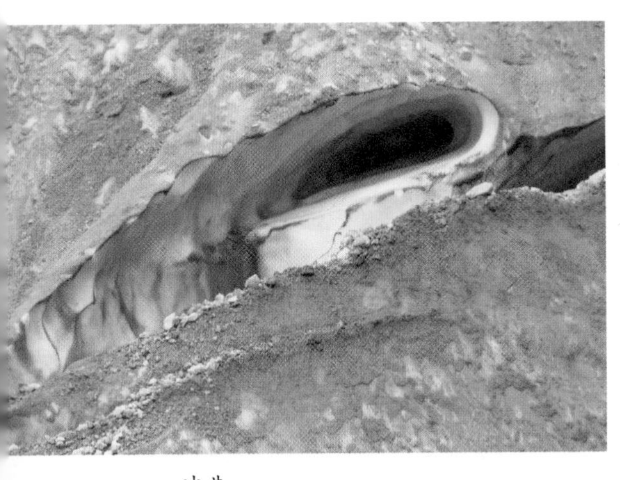

冰井

时隔四年多，当我 1980 年再次来到珠西冰川上时，果然已是冰消洞塌，面目全非了。

冰杯

不到一个小时就完成了冰洞内的拍摄任务。出得洞来，其他人在洞外各自寻觅着有纪念意义的冰碛石。我和殷导沐浴着午后的阳光，躺在一块比较平整的冰川大漂砾上，我从背包里面取出两小块军用压缩饼干，殷导从衣袋中摸出两块花生巧克力糖。压缩饼干就着巧克力，又香又甜又耐饥。我们一边吃着嚼着，一边感慨着西藏科学考察的几多艰辛与无穷乐趣。

冰裂隙

历时五年的首次青藏高原自然资源综合科学考察于1977年胜利结束了。《世界屋脊》影片也在全国公映，除了气势磅礴的大雪崩镜头外，大冰溶洞的镜头很短，当年陪同电影组拍摄的场景更是一晃即逝，想欣赏当年那种幼稚的认真劲，就是看不到自己的身影。

一晃又是好多年过去了，我差不多每年还上几次冰川。每当看到冰川区的雪崩和此消彼长的冰洞以及千奇百怪的冰面地貌景观时，就会想起当年青藏队在大峡谷珠西冰川考察时的许多人和事，也包括那次和电影组的愉快合作。

在珠西冰川科学考察之初，我特意在冰川末端终碛垄上一块大如房屋的冰川漂砾上用红油漆做了特殊的冰川变化记号，包括距离冰川末端的长度和方位，还有海拔高度等。到了 1980 年，我在指导拍摄科学教育影片《中国冰川》时，再次进入珠西冰川考察，发现冰川消融区有些变薄，当年的大冰溶洞已经变了模样。只是冰川末端仍然在原来的位置，变动不大。我在当年的记号处再次用红油漆做了新的标记并写上了日期。回到研究所后我将珠西冰川等地考察的资料做了整理，写了一篇考察研究论文发表在《冰川冻土》杂志上，题目是《西藏南部某些冰川近年来的变化及若干新资料》。

到了 2006 年，趁着《中国国家地理》杂志邀请我考察 318 国道，做“中国人最喜欢的景观大道”专辑的机会，我试图再次前往珠西冰川考察，可是季节不对，冰川融化得太厉害了，只见珠西沟内水流漫灌，乱木横陈，汽车不能通行，步行更不行。我们只好遗憾地放弃了对珠西冰川的考察。

阿扎冰川

AZHA BINGCHUAN

与雅鲁藏布大峡谷相邻的察隅县，是 1973 年、1974 年青藏队来这里科学考察时最早发现、认定的“西藏江南”。著名的阿扎冰川就在这里。阿扎村坐落在距离阿扎冰川末端 5000 米的一个古冰川作用过的冰碛平台上。阿扎村则以冰川而出名。

察隅县境内的冰川和河流虽然在流域上并不属于雅鲁藏布大峡谷的范围，可是察隅河流出国境后最终流进了大峡谷下游的布拉马普特拉河；而且察隅县阿扎冰川的源头与雅鲁藏布大峡谷仅一山之隔，所以科学家在提到雅鲁藏布大峡谷的时候，总少不了察隅县和其境内的阿扎冰川。

我们去阿扎冰川考察，那是 1976 年继珠西冰川之后的事了。

站在木忠公社（现改为木忠乡）驻地的二层木楼上，顺着阿扎曲望去，只见满坡都是绿色的玉米，尽头是雾岚叠翠的原始冷杉林。透过冷杉林，隐隐约约可以看见一条白练般的冰流蜿蜒于崇山峻岭之间。李吉均老师说那就是著名的阿扎冰川。李老师是 1973 年青藏队组建之初就参加考察的老队员，当时青藏队所选定的第一条路线就是逆然乌湖源头，顺着西藏最长最大的来古冰川消融区，翻过阿扎贡拉的瓦勒拉山口，到达阿扎冰川的。

阿扎冰川位于西藏东南部的波密南山，是岗日嘎布山东南麓的一条大型山谷冰川，也是青藏高原末端海拔最低的一条现代冰川。冰川最高上限是海拔 6610 米的若尼峰，末端海拔 2500 米，全长 20 千米，雪线海拔 4500 米。雪线附近的年平均降水量高达 2500 毫米，冰川末端的年平均气温为 11.5℃。

阿扎冰川的源头自若尼峰款款而下，在海拔 4500 米以上形成了一个酷似太师椅的积累区，冰川学上称为“粒雪盆”。在我国中低纬度的冰川积累区中见到的积雪物质，都是以粒雪的形态出现的。

阿扎冰川自粒雪盆的出口以下地势陡变，一道约 700 米的跌水地形突然出现在冰川谷地之中，冰流自上而下，形成了一条相对高差约 700 米的冰瀑布。

阿扎冰川冰瀑布横亘在两岸笔直的山崖之间，看似静如处子，其实只

冰豆腐——裂隙纵横的冰川体

要多观测一段时间，就会发现平静的冰面下潜伏着诸多危机：块体滑动、断裂，冰崩、雪崩不断。因此，许多冰瀑布对于科学工作者、登山家或者探险家来说，都是可望而不可即的地质地貌景观体。看似不声不响的冰瀑布，一旦有人走近它，说不准一场灭顶之灾就会突然降临。在珠穆朗玛峰、梅里雪山、贡嘎山、天山的博格达峰，都发生过这样的悲剧。一旦冰崩、雪崩发生，单凭人的力量是无法抗拒的。且不说成百上千吨又冷又硬的冰块向人的血肉之躯砸来，单凭那排山倒海的气浪也足以让人窒息。所以，人们总把冰崩、雪崩称作“白色死神”，而冰瀑布正是这些“白色死神”赖以生存的“巢穴”！

在山谷冰川中，冰川运动速度的差异总是很大的。据观测，一般最大冰流速就出现在冰瀑布这一段。阿扎冰川也不例外。虽然肉眼察觉不到它们在运动，但从那密布的纵横裂隙，从那破碎的冰体，从那几近垂直的坡度，你就会感觉到气吞山河的运动状态。雪白的冰流自粒雪盆中流出之初还是那样文静，可是一旦进入冰瀑布，马上就变成了许多被纵横裂隙深深划开的菱形冰体，就像一块块雪白的豆腐悬在半空中。事实上，冰川学家真的把冰川这种破碎形态叫作“冰豆腐”。

村王雪当

从木忠公社驻地到阿扎村只需小半天时间。头天晚上阿扎村队长（当时是生产队）就听说我们考察队要到阿扎冰川去考察，一大早就带着男女村民在村前那座小桥头等候，要请我们去村里住上一两天再上冰川。队长说，嫩玉米可以吃了，地里的南瓜也熟了。我们只能婉言谢绝队长的盛情，说工作结束后一定到村里住几天。

阿扎村的村民都知道，1973 年青藏队冰川组李吉均老师一行首次上阿扎冰川考察时布设在冰川上的花杆已历时三年，不知命运如何。如果能对那

与海洋性冰川为邻的原始森林

些标志物进行重新测量，将会获得三年以来我国季风性暖性冰川运动和消融状态的第一手宝贵资料。我们恨不得生出一双翅膀即刻飞上冰川呢，于是和村民们一一道别，朝着宿营地——雪当前进。

“雪当”是当地的藏族土话，即树王的意思。

阿扎冰川是一条十分典型的季风性海洋性冰川，即季风性暖性冰川。冰川活动层以下的冰体常年处于0℃状态。0℃对于人类来说，也许算得上比较低的温度，可是对于冰体而言，却是它们的极端最高温。因为温度一旦超过这一极限，冰将融化成水，不再成为冰了。

由于季风性暖性冰川冰温度高，末端下伸海拔较低，它们的消融区往往深入原始森林环绕的谷地。阿扎冰川自冰瀑布下部开始，两边谷地莫不生长着郁郁葱葱的原始森林，在冰流下游两侧竟然还生长着大叶杨、水冬瓜杨、大叶杜鹃，以及白桦、赤桦、青冈等落叶阔叶和常绿阔叶乔木群落。更令人吃惊的是，还有大片的箭竹也来凑热闹。我们仿佛不是行进在通往雪山冰川的山路上，倒像在青城山或者峨眉山旅行一样。

在阿扎冰川等西藏东南部的海洋性冰川附近，我曾经多次观察到红石滩。不过，那里的红石滩不像在海螺沟冰川区见到的那般壮观、色彩绚丽罢了。

李吉均、牟昀志老师虽然三年前来过这里，也在雪当——大树王那个地方扎过营。可是时过三年，原来的小路已经踪迹全无。我们必须沿着冰川的新冰期或小冰期侧碛垄走，一是沿途可以观察阿扎冰川的动态变化，二是雪当正位于我们前方的“路”上。只是侧碛垄上树木密密匝匝，上层是参天的冷杉；中层是枝干遒劲的中小乔木，有桦、杨、柳等；下层是杜鹃、沙棘。地面上更是乱石挡路，朽木横道。乱石上生长着一踩就滑的地衣、苔藓，朽木上生长着木耳、蘑菇。我们真后悔当时没把各人的坐骑交给队长来代管，在这树林里人要钻过去都很难，更不要说那又高又大的边防军马了。好在前面的民工们挥刀左右开弓，将那些拦路的荆棘枝条砍断，硬是开出了一条林中小道。可是问题并没有完全解决，因为有的倒木直径一两米，人可以从下

冰川区附近的森林景观

面钻过去或从上面爬过去，而那些高头大马就只好绕到倒木的尽头再绕回来。就这样，地形图上不足5000米的山路，我们从中午一直走到傍晚，直到大家累得精疲力竭之时，牟老师像发现新大陆似的高声告诉大家：雪当到啦！

抬头一看，一株罕见的大树矗立在队伍的前方。

雪当所在的地方是一个倾斜的冰碛平台。也许是树王的“威慑”所致吧，平台上其他树木明显稀少、低矮，而树王冠盖之下的冰碛平台，除了厚厚的松软落叶，几乎什么都没有生长。凭经验估算了一下，这棵树王高约70米，胸径（即与人胸同高位置树的直径）十来个人也抱不住，树冠面积至少也有150平方米。塔形的树冠分了十几层，每一层都铺满了从上层落下来的枯枝落叶。单从掉到地上的粪便来看，那上面真不知栖息着多少种飞禽走兽呢。时隐时现的树根像蟒蛇般伸向冰碛平台的四面八方。倾斜平台的内侧依稀可见一条羊肠小道通向山后的古冰碛平台。

阿扎冰川附近也有红石头

一看高度表，这里海拔 2700 米，已经高出阿扎冰川的末端 200 米了。

一边是林海涌动的原始森林，一边是浩浩荡荡的万年冰川，我们的营地就安扎在那棵树王的天然保护伞下面。

阿扎冰川附近粗壮的冷杉树

雪当这地方虽然没有蚂蟥，晚上睡觉有尼龙帐篷的保护，也不怕蛇虫蝼蚁的骚扰，可是白天却要饱受防不胜防的飞虫叮咬之苦。营地附近稍好一些，因为做饭的炊烟可以防虫防蚊。一旦远离营地，就会有一种小墨蚊黑压压地围着你，冷不丁地在你的手上、腿上和脸上叮一口，叮得你浑身发痒又无可奈何。许多人考察结束后浑身被挠得血淋淋的。这次的教训为后来的野外科学考察积累了经验，以后每次外出前物资准备清单中都少不了纱网面罩一项，当然还有防蚂蟥的长筒布袜，防蚊虫和防蛇咬的急救药品。

雪当是一棵麦吊冷杉树，是一种常绿乔木，树干端直，枝条轮生，叶子呈线形扁平状，枝顶芽三个长在一起，因针状树叶酷似垂头的麦穗而得名麦吊杉。这种树最适合在季风性暖性冰川区的冰碛垄上生长，树干高大，根系发达，喜湿，喜阴，喜凉，生长速度快。麦吊冷杉树在四川的贡嘎山、西藏东南部的雅鲁藏布大峡谷地区随处可见，但像这株树中极品，似乎还未发现第二处，它的树王封号真是名不虚传。

古冰川冰碛物堆积垄主要由冰川搬运而来的各种冰碛砾、石、沙、泥等混杂堆积而成，砾石磨圆度极差，岩性十分复杂，孔隙度也极高。和许多河流阶地、泥石流或洪水冲积扇相比，第四纪以来历次冰碛地貌中的土壤化程度都比较低。可是季风性暖性冰川区水热条件十分丰富，处于0℃状态下的冰川，在冬季相对于周围大气而言反而成了热源，这些热量一定程度上减弱了周围植物的冬眠程度，缩短了冬眠期。加上冰碛物是多种物质来源的混杂堆积，分解、风化后形成的土壤中含有植物所需要的丰富矿物质以及氮、磷、钾等多种营养元素，所以大凡在第四纪古冰碛堆积物上生长的原始森林，明显地比非冰碛物上生长的植被要茂盛得多。

不过，由于冰碛物孔隙大，许多乔木长到一定程度后根系不稳，“头重脚轻”，便会在某一天突然翻倒，这种翻倒现象在阿扎冰川两岸的原始森林中随处可见。正由于这个原因，除了营地中的树王一枝独秀外，其余绝大部分冷杉乔木几乎一样粗、一样高。在冰川考察的间隙，我们几个年轻人用经纬仪和皮尺连续测量了20多棵麦吊冷杉，其胸径多在40～60厘米，高度都在30～40米，用气候组交给我们的树木年轮钻取样初测后发现，这些树木年龄都在250～300年之间。可是，营地中这棵大树王何以长得这般高大粗壮，真是个不解之谜。用树木年轮钻钻取树芯，可是样钻的长度不够，从钻取到的仅有的树芯推测，树王的年龄至少也在1000年以上。也就是说，别的树倒了又长，长了又倒，唯有这棵树任凭风霜雨雪，世事变换，总是巍然挺立，直傲苍穹，历经千年而不动摇。

在树王接近地面的树枝上，挂着烧水做饭用的锅壶勺桶和家织的牛羊毛保暖衣被，还有两个棕黄色的兽皮口袋，口袋是用山麂皮做成的。一个口袋中装有半袋糌粑，另一个口袋中装有一些盐、大茶（即砖茶）和酥油。这些物品放置在动物够不着、人伸手可以取拿的高度。起初，我们以为附近一定有人，可是看大树下的灰烬，像早就没人来过了。翻译是昌都人，对这一带的情况也是一知半解。后来向山后牧场的当地人打听，他们说这是当地人的一种自助和助人的习俗。

从花杆看冰川运动

早饭后，冰川上的晨雾散尽了，明媚的阳光照射在阿扎冰川上。我们兴奋极了，巴不得一步跨到冰面上。

昨天晚饭时，李吉均老师已给大家布置了任务：两人一组上冰川，寻找三年前布置在这一带的消融和运动花杆。这些花杆是用钢质麻花钻打孔后插在冰面上的木质测量杆。当时每根花杆都用经纬仪进行了坐标定位，顶端还拴着红白两色三角测量旗。花杆长 2 米，钻孔最少 1.8 米深，如果三年来冰川消融强度在 2 米以内，也许还能发现斜立在冰面上的花杆呢。

营地的冰碛平台正对着阿扎冰川的陡坡半腰处，有一个大如房屋的冰碛漂砾。漂砾是一块花岗岩，一大半深深地嵌在古冰碛垄里，显得很稳固，顶部比较平整，大约有 3 米见方。这就是三年前观测冰面花杆断面选用的经纬仪观测点位置，仪器的圆锥形悬锤定位中心点的红色油漆标记还依稀可辨。专门负责测量的张义根据三年前的测量记录放好三脚架，安装好经纬仪，只等我们到冰面上的人发现花杆点后，他就可以按冰川测量学的知识获得一批新的科学数据。

在李吉均老师的带领下，我们两人一组行走在大漂砾对面的冰面上，形成一条横跨冰川的直线，拉网似的向阿扎冰川下游走去。起初两三个小时，我们手举着红旗，不断按事先约定的规矩吹着口哨，互相联系着。可是五个小时过去了，八个

海洋性冰川区的冰川漂砾

小时过去了，每个人携带的压缩饼干也吃完了，好几个队员还在溜滑的冰面上摔了几跤，一双双早上刚换上的新棉纱手套被冰碛石划成了碎条碎片，可是却没找到那些记录着冰川运动速度和消融强度信息的花杆！

第一天，尽管大家累得都直不起腰了，却无功而返。

第二天，我们仍然是两人一组，从经纬仪所指示的横跨冰川的断面开始，再次向下游慢慢地搜寻着花杆残留的证据。

功夫不负有心人。12 点刚过，终于听见其他两组和经纬仪测量人员之间约定的“找到了”的口哨声。几乎同时，和我一组的小战士也发现了一截缠着三角旗的花杆斜插在一个冰溶洞穹隆顶部的冰碛石块里，三角旗的颜色已然褪去，外露的花杆也被运动的冰川摧残得支离破碎。我们用哨音报告了发现的信息。然而由于我们所处的位置太低，经纬仪无法确定残留花杆的准确位置。怎么办？我决定爬到那穹隆的顶部，尽量接近残留花杆的位置，以便利用身高使经纬仪能够测量到花杆点的确切位置。

小战士看出了我的用意，不由分说，从旁边的冰坡几步就攀到了穹隆的顶部，一边吹哨，一边用手中的小旗指示着自己的位置。经纬仪很快就锁定了我们发现的花杆位置，张义的旗语告诉我们测量完毕。穹隆不高，但也有 3 米多，我小声地嘱咐小战士注意安全，生怕分散他的注意力，影响他的平衡。正在这时，小战士脚下一滑，霎时间，像一块跌落的冰碛石从冰洞的穹隆顶上一头栽了下来。说时迟，那时快，我下意识地跨前几步，伸出双手想托住小战士，只觉得双臂重重的一震，我俩几乎同时栽进了一米深的冰水潭中，紧接着便是一阵炒豆子似的声音，那是小战士坠落时引发的冰碛石的滑塌。好在我们栽入水潭时的冲力已把我们上身移到了冰洞内部，加上潭水的缓冲，我只是臀部和腿受了一点轻伤。小战士却像没事人一样，一手还紧紧地捏着哨子，一手拿着小旗。

我们连忙逃离冰水潭，根本无心欣赏冰溶洞那奇形怪状的地貌景观，

科考人员正在考察冰川构造

以防继续滑落的石碛砸下来。这时候，我们才感到一阵刺骨的寒冷，浑身被浸了个透，腿上的线裤、毛裤，上身的线衣、毛衣和鸭绒背心都被打湿了。好在太阳很好，我们脱掉身上的衣裤，互相帮忙把水拧干，把湿衣服铺在正对着太阳的冰蘑菇上。顿时，衣服上冒起了阵阵热气。偶一回头，发现冰水潭中漂浮着一样东西，定睛细看，正是冰洞穹隆顶上的那截花杆。小战士要去把它捡回来，好证明我们的确发现了花杆的残体。我说什么也不让，怕他万一被随时都有可能滑塌的冰碛石块砸伤。

后来回想起来，我们之所以能化险为夷，真应该感谢那个一米深的冰水潭，如果没有冰水的缓冲，一个人从 3 米多高的地方直接砸向坚硬的冰面，那后果的确不敢想象。

这天的努力没有白费。根据各组发现的花杆遗存资料推断，阿扎冰川消融区中部多年平均运动速度可达 270 米，平均每天运动速度为 0.85 米。根据权威冰川学家的研究，凡冰川运动速度超过剖面宽度（即冰川宽度）的 1/6 者，便可以认定冰川运动的主要方式是底部滑动，冰川内部的层间流处于次要地位。阿扎冰川消融区冰舌平均宽度约 1000 米，这一比例显然超过了 1/6，这足以说明阿扎冰川的主要运动方式无疑属于底部滑动。但从花杆被折成几段的现象分析，阿扎冰川同时存在冰层之间的相互运动，这正是季风性暖性冰川的运动特征。

后来，根据短期对阿扎冰川运动速度的观测和分析计算，阿扎冰川消融区每天最大运动速度可达 1.38 米，年运动速度达 438 米。根据国外已有的观测速度，冰瀑布上方的运动速度一般可以达到冰瀑布足部运动速度的 10 倍。据此可以推断，阿扎冰川运动速度最快的地方，也就是冰瀑布的顶部，年运动速度可能达到 4000 米以上。对于河流而言，这种流速慢得不可思议，可是对于固态的冰川而言，这种运动速度无疑等于在向前飞奔了！要知道，我国珠穆朗玛峰北坡的绒布冰川最大年运动速度才 117 米，祁连山和天山冰川的年运动速度更小，仅在 10 ～ 50 米之间。至于南极冰盖，年运动速度只有几毫米！

通过倾宗看百年变迁

冰川，从形成的那天起，就不停地变化着、发展着。冰川雪线以上的积累区在不停地积累补给，雪线以下的消融区也在不停地消融蒸发。是积累补给的多还是消融损失的多，这就是冰川学要研究的所谓冰川物质平衡问题。冰川是一定地形条件下气候的产物，因此冰川的动态平衡就是气候变化的一个十分敏感的窗口。要是气温变低了，积累区的降雪量增加了，那么冰川就会变厚增长，我们说冰川前进了；如果气温升高了，积累区的降雪量减少了，那么冰川就会减薄变短，也就是说冰川后退了。如果一直后退下去，对于小冰川而言，甚至还会消失。

尽管在消融区收集到了冰川运动和消融方面的资料，但据此还不能断定阿扎冰川是在前进还是在后退。李老师告诉我们，要看阿扎冰川是“富”了还是“穷”了，是正物质平衡还是负物质平衡，还是处于正负互抵的状况，必须去一个叫倾宗的地方。那个地方位于考察营地上方 2000 多米处，透过那里的冷杉和箭竹林，可以清晰地观察到阿扎冰川的冰瀑布下方拐弯处的冰流量的变化情况。

早在 1933 年，英国植物学家华金栋（Kingdom Ward）曾经到这里考察，拍摄了一张记录当时冰川动态状况的珍贵照片。从那张照片可以看出，在阿扎冰川倾宗对岸拐弯处的内侧几乎全被布满裂隙的冰川冰所壅塞。到了 1973 年，当李老师他们再次来到同一地点时，发现那里的冰流后退了，冰面下降了，一个半月状的基岩半岛赫然出露于冰面之上。那么时隔三年，那里的冰流状态又发生了怎样的变化呢？

一样的好天气，照样是民工们用锋利的腰刀在前面为我们开路。2000 米的距离，花了近三个小时。快 12 点的时候，我们终于来到当年那个叫华金栋的英国人所站立的地方。结果令我们兴奋不已——仅仅过了三年，那个曾被中科院冰川研究所张祥松保存的照片所认定的基岩半岛出露的状态，竟然重新被白色的冰流所覆盖，几乎恢复到 1933 年英国人华金栋所见到的水平！也就是说，自 20 世纪 30 年代阿扎冰川经历了某种程度的高物质补给期后，至少又经历了一个低物质补给的歉收时期，这个歉收时期一直延续到 1973 年。到了 1976 年，冰川又进入了一个物质补给的丰沛阶段。

到了 1980 年，我带领《中国冰川》电影摄制组再次来到这里，对着阿扎冰川的同一位置再次拍摄了一张黑白照片，发现那里的冰流继续保持着壅高增厚的趋势。

可惜，后来虽然多次进入阿扎冰川的附近地区考察，但实在抽不出时间故地重游。1997 年，已是中国科学院院士的李吉均和夫人朱俊杰教授乘汽车重走川藏线，不知是天气原因还是担心那里交通不便，李先生也没有实现再赴阿扎冰川的心愿。不光李先生自己后悔，我也深感遗憾。否则，今天用于科学研究和比较的就不光是 1933 年、1973 年、1976 年、1980 年分别拍摄的四张反映阿扎冰川变化状态的黑白照片了，也许会有一张更详尽、更精彩的彩色照片。凭着这一张彩色照片，我一定会准确地告诉大家，阿扎冰川这近 20 年来的状态，说明西藏东南部的气温是升高了还是降低了，那里的降水量是增加了还是减少了，至少会给后来的冰川环境研究者们留下更长时段的冰川、气候的变化资料。

不过令人高兴的是，当手稿写到这里的时候，我信手打开了电子信箱，一个美国朋友来信说，建议由中美两国科学家共同组织一次西藏东南部的现代冰川考察，并有意邀请我参加。要是得以成行的话，我将建议组织一支精干的小分队，再赴阿扎冰川，看看那个气候变化的“窗口”是变大了还是缩小了。无论是变大了还是变小了，那个“窗口”的各种信息都会令我们这些冰川人欣喜不已的。

阿扎冰川在青藏高原研究中具有比较特殊的地位，它不仅以冰川末端下伸极低而堪称青藏高原之最，而且它的雪线位置海拔仅 4500 米，也是在青藏高原上所发现的大型山谷冰川中雪线位置较低的。

作为一名冰川科学工作者，我愿意不厌其烦地讲冰川的雪线，因为雪线是冰川真正的生命线。

在普通人的心目中，所谓雪线，大概就是在某一个山地，一场大雪之后可以看到的大致整齐划一、黑白分明地横亘在山体某个部位的界线，但这只是一条天气性的积雪变化界线而已。或许你曾经去过横断山或者西藏的喜马拉雅山，远远望去，山上的某一高度上的确也有一条黑白分明的界线，那

季节雪线

不就是雪线吗？那当然也可以称为雪线，不过那只是一条季节性或多年性积雪的下限而已。

对于现代冰川而言，雪线以上是冰川的物质积累补给区，补给区的积雪在积累、运动的过程中逐渐变成粒雪、粒雪冰以至冰川冰，再越过雪线，在冰川谷地中形成一条长长的冰舌。雪线以下的冰舌以消融为主，因此称为冰川的消融区。这样，雪线一定在冰川的某个部位通过，好比一个人的腰，只能长在人体髋骨以上的部位一样。例如阿扎冰川的末端海拔2500米左右，积累区最高点为海拔6610米的若尼峰，雪线则在海拔4500米处。

事实上，冰川上的雪线也难以用一条黑白分明的界线去描述，因为冰川上也要下雪，下的雪也要自海拔低的地带逐渐向海拔高的地带融化。只是到了某一个高度后，积雪的融化速度被大大削弱，而这个高度又随一年中四季的变化而变化。所以，冰川的雪线得用最少一年的时间去表述才行。也就是说，如果在冰川的某个高度，一年的降雪量正好等于它的融化量，那么这个高度就是冰川的雪线。在这个高度以上，一年的降雪量融化不完，剩下的积雪逐渐变质成冰，这就是冰川的物质补给来源；在这个高度以下，不但一年的降雪量可以融化，而且还能融化掉一部分由积累区流下来的冰川冰。

山珍美味

一连几个晴天之后，又是秋雨连绵的天气。阿扎冰川区一下起雨来满谷的雾、满山的云，能见度极差，要是上冰川的话，说不定会遇到许多想象不到的危险。好在树王下面是我们最好的“避风港”，我们在此整理笔记，给标本编号，得空还打打扑克，改善一下伙食。

说起改善伙食，无非是多开两听罐头。那时给考察队提供的食物多是从部队购买来的军用食品，罐头都是同一规格、同一尺寸，不像现在有明确的品牌标志。往往是想吃鱼罐头，打开一瓶却是猪排骨。不仅如此，由于仓储时间太长，加上考察时长途奔波，一会儿车拉，一会儿马驮，一会儿低海拔，一会儿高海拔，有些罐头就会变质。起初我们并不知道哪些罐头是好的，哪些罐头变质不能吃，打开后往锅里一倒，等吃完饭闹肚子的时候，已经晚了。后来发现，变质的罐头两端的铁皮会变形鼓起，一按一个响。自此，我们都有了识别变质罐头的经验。

和珠西冰川区一样，阿扎冰川消融区附近的森林里也有不少的青冈树和桦树。一场大雨过后，正是大家采集木耳、蘑菇的好机会。阿扎冰川海拔低，雨水多，气候比珠西冰川更温和。林中倒木横陈，朽木比比皆是，也是生长木耳、蘑菇的天堂。青冈树上多是黑木耳，桦树和杉树上多是黄木耳。无论黄木耳还是黑木耳，都可以放心地采摘。而采蘑菇就要小心了，除了与生物组在一起学会的几种容易辨认的蘑菇可以采集外，大多数蘑菇只能眼睁睁地放过。

雨下得人烦透了，于是整理资料，记笔记，听听收音机。青藏队给我们配备的收音机主要是为了接收天气预报。江勇提议大家去林中采木耳和蘑菇。我和李老师是只采木耳派，江勇说木耳不好吃，还是蘑菇香。不到两个小时我们都满载而归。几塑料桶的木耳吃三五顿是没什么问题的。江勇除了一桶木耳外，还包了一雨衣蘑菇回来。有几种蘑菇我们在前一阶段考察中都吃过，绝对没问题，可是另外几种蘑菇却引起了大家的争议，尤其对一种白中带黄的蘑菇争议最大。这种蘑菇的形状似扫帚，又像海中的珊瑚，还像动物的脑髓。牟老师说这就是扫帚菌，是菌中珍品。江勇说他问过后山牧场的藏族妇女，这种蘑菇肯定能吃。其他几种形态可爱、色彩美丽的蘑菇，大家硬是被我说服了，把它们从桶里捡了出去。木耳炖稀饭、蘑菇烧罐头，自然够得上山珍佳肴了。午饭还没开吃呢，只听见在营地的上游不远处轰然一声响，接着一阵嗡嗡嗡的鸣叫声由远而近，就看见一群黑压压的蜜蜂擦着营地的边缘向下游飞去。几个民工不知说了句什么，就见江勇披上雨衣，提着闲置的大麻袋，和几个民工朝刚才发出轰响的方向奔去。

原来是一棵冷杉树因为扎在冰碛土中的根系承受不住自身的重量，终于倒下了，刚好树上有一个直径约 60 厘米的大蜂巢。不到半小时，江勇他们回来了。一个民工肩上扛着装有蜂巢的大麻袋，江勇一手捂着半边脸，那表情不知是哭还是笑。他和几个民工在摘蜂巢的时候，手上、脸上被“死守家园”的蜜蜂蜇伤了。我们忙着给他们挤毒上药，可江勇说还是先看看那蜂巢中到底有多少蜂蜜吧，说不定能倒出十斤八斤呢。为了防止残存的蜜蜂再伤人，我们

大峡谷的野生蜂巢

找来几把干树枝点燃，让那浓浓的烟熏跑蜜蜂。劈开蜂巢，果真倒出一大盆野蜂蜜。

虽然吃到了可口的野蜂蜜，可是那些失去家园的蜜蜂们将如何生存呢?眼看秋天即将过去，冬天即将来临。想到这里，大家心里多少有些惆怅。我们知道工蜂的寿命只有几个月，到了秋天，它们在完成采花酿蜜的任务后都会相继死去，而雄蜂与蜂王交配产卵孵化出新的蜂群后就要分群。在分群以前，负责侦察任务的侦察蜂早已在别的地方选建了新的巢穴。在蜂王的率领下，分群的蜂将飞赴新居。大树连根翻倒后，蜂群受到惊吓，十有八九移住新居了。不过，要是新居太小，容纳不下蜂群的话，一部分蜜蜂还会原路返回老巢。

后来，当我们路过那株倒树的时候，果然发现一些蜜蜂嗡嗡嗡地围着蜂巢残根飞来飞去，我们立即远离倒树，绕道而行，实在不忍心再去惊吓它们。

那几天的伙食实在太好了，只是每顿饭后，我们都隐隐地觉着肚子有些疼。有人说是野蜂蜜没有炼制，也许里面的杂质引起了胃的不舒服；也有人说是扔掉的有毒菌曾经和其他蘑菇一起装在桶里保存了几十分钟，我们都有些慢性中毒。但无论怎么说，那些天大家都饱了口福，虽有小疾，但是没有一个人倒下。后来回到昌都见到生物组的队员，他们说就是扫帚菌引起的后果。

原来扫帚菌又叫猴头菇，这种蘑菇吃起来很香，对人体也有好处，但有微毒，具体反应就是食量过大会引起胃部过度的蠕动而隐隐作痛，但绝对不会有生命危险。

这次雨下的时间有点长。阿扎村的队长怕我们断粮断菜，亲自带着三个人送来了许多新鲜的嫩玉米，还有十几个大南瓜和两大筐水灵灵的黄瓜。嫩玉米烤熟后香甜可口，从记事起我就喜欢吃，尤其是放在柴火旁烤，不停

各种各样的野生菌

地翻转个儿，烤熟了，将灰吹去，便闻到一股浓浓的清香味。我的家乡有“苞谷出来像牯牛”的说法，那是说玉米的营养好，吃了可以变得像牯牛那样健壮有力。

没事时，我就静静地仰卧在马鞍垫上，观察树王上面那浓密的枝叶中的动静，只见八哥、莺燕之类双飞双栖，不时喳喳地叫个不停。几只飞鼠扑棱棱地从树层深处飞出，等了好久却怎么也不见它们重新回到树上，猜想可能是它们只有向下滑翔的功能，却无向上飞升的本事。要重新回到树上，只有悄悄地沿着树干爬回去，然而又害怕我们这些不速之客攻击它们，所以只有等到夜深人静的时候，才得以重返本该属于它们的家园。后来好几个晚上，我们从尼龙帐篷上正对着树干的窗口窥探到了飞鼠们的回归。

“雪当冰进”

在阿扎冰川的最后一个星期，我们还有两个重要任务必须完成：一个是在第四纪古冰碛物里找到能够通过同位素碳 14 测定冰川前进时年代的朽木标本；还有一个就是再次考察冰川末端变化并确定当时末端的相对位置，以备后来者考察时对比阿扎冰川末端的进退变化状态。

研究冰川的专家常常在第四纪古冰碛物中，发现一些残留的树木碎片等有机物质，对它们进行同位素碳 14 的年代测定，以确定冰川曾经发生的明显的前进年代。

在生长着大片原始森林的季风性暖性冰川区，每当气温上升、气候变暖，冰川随即发生后退，在这一过程中便形成了新的冰川后退迹地。随着时间的推移，在这些新形成的迹地上开始了新的植物群落的演替过程。最初，也许是黄芪、菊科等草本植物率先在冰川迹地上生长、发育；后来，杜鹃、蔷薇等灌丛植物乘势进入；再过几年，这些植物将被沙棘、桦、杨、柳等一些中小乔木取而代之。当前面这些植物通过根系固氮、生物风化等一系列生物物理、生物化学过程，将冰川迹地上的土壤保育、优化到某种程度时，一些大型乔木如杉、松、柏便相继侵入，最终完成冰川退缩迹地上的顶级植物群落的演替过程。

当冰川迹地上的植物群落完成其顶级演替过程后，也许气候环境正酝酿着一次新的冷湿变化过程，冰川正孕育着一次新的前进。当新的冰川前进时，势必将沿途的所有生物尽数摧毁并压倒在冰下。其过程真的是“摧枯拉朽”，其中大部分生物躯体随着冰川冰的消融逐渐被排出冰外，并顺着冰川河水被冲得无影无踪，而极少部分的生物残体被永久地埋入冰下。

当下一个温暖期来临，冰川退缩，那些被遗留下来的生物残体，便和冰川后退时遗留、堆积下来的冰碛物一起，形成第四纪古冰川堆积景观地貌。

就是凭着这些特征鲜明的古冰川堆积地貌，我们才得以确认在某个地质历史时期冰川作用的形态和规模。

而要弄清楚第四纪古冰碛地貌形成的确切年代，比较好的方法就是利用遗留在冰碛地貌中的生物残体尤其是树木残体，测定放射性同位素碳 14 的含量。通过碳 14 同位素的测量，可以确定冰川区 1000 年以上时间段的环境变化状况。

可是，要在高如山岳、陡如悬崖的冰碛物上发现一块被埋藏几千年乃至上万年的树木残体，并非轻而易举的事情。冰川区常见的颜色往往是三种：白色的冰流、绿色的森林和灰黄色的冰碛。朽木残体被埋藏在灰黄色的冰碛

在冰碛区发现的碳 14 朽木标本

物之中，一是颜色没有太明显的区别，二是只要一块石头或一株灌丛挡住你的视线，便会让你与其失之交臂。所以野外科学考察，我们往往寄希望于某种机缘巧合。进入冰面后，我们拉网式地注视着冰川侧碛陡坎上的每一处疑点。许多次，我都被一些突然变换的冰碛颜色所吸引，可定睛一看，那只不过是被过度氧化或者风化了的冰碛石而已。由于顺着冰面往下游走，所以体力消耗并不太大，我们走走停停，说说笑笑。

正忙着寻觅哪里会有朽木标本呢，就听见顽皮的江勇学着电影插曲的腔调："游击队专打游击……"大家不自觉地哄然大笑。一阵笑声刚停，就听见哗啦啦一阵响声，只见一股沙土烟尘从高高的侧碛堤上落下来，几只羽毛十分漂亮的藏马鸡蹒跚地正从冰碛堤上走过。

大家的目光不约而同地集中在那些美丽的藏马鸡身上。当烟尘散去、藏马鸡钻进侧碛上的杉树林后，大家几乎同时发现在藏马鸡经过的地方，赫然伸出了一大截树干残体，树干的一端深深地斜插在冰碛层中。好在我们随身带有冰镐、小刀和铁锤。这一段侧碛堤不算很陡，我的体力最好，便自告奋勇地爬到冰碛堤上，不消十几分钟，一大包树干标本就采集完毕。

这次采样的意义非同小可。后来，根据这个标本由中国科学院贵阳地球化学研究所测定的年代，确定了我国季风性暖性冰川区自全新世新冰期以来气候环境的演替序列：

距今12000年以前，地球开始持续升温，许多冰川融化、后退，西伯利亚、北欧、北美加拿大等地的大面积冰川退缩迹地上，逐渐生长出大片原始森林。由于气候变暖，包括我国在内的古代中亚和东亚地区，无论高山、高原地带，森林、草地等植被面积大规模扩大，尤其是低海拔湿润地区，更是森林密布，绿海无垠。在那些类似西藏东南部和横断山一带冰川后退的地方，也渐渐长出了成片成片的原始森林。

距今3000年前，也正是我们在阿扎冰川上发现的碳14朽木标本所指示的时间（2980±150年前），地球再次变冷，虽然并不如第四纪中那几次大的冰期那样寒冷，但类似长白山、大小兴安岭和秦岭太白山都出现了一些小型冰斗冰川，甚至处于亚热带的台湾玉山山顶也出现过小型冰斗冰川和永久性积雪，我国西部高山地区的冰川重新扩大，冰舌前进下伸。冰川学家将这个时期称为新冰期。因为我国境内这次冰进的碳14标本证据是在阿扎冰川的雪当附近发现的，所以把新冰期定名为“雪当冰进”。

阿扎冰川附近茂密的沙棘林

“雪当冰进”时，阿扎冰川的厚度比现在至少大200米，冰川长度多出1500米！

“雪当冰进”间断延续到距今1500年以前。之后我国的气候又持续变暖，阿扎冰川重新后退。到了17世纪初，地球又进入一个新的小冷期，也就是我国冰川学家所称的小冰期。阿扎冰川再一次增厚、变长。小冰期的变化在19世纪末、20世纪初达到最高峰。

1933年，英国植物

美丽的沙棘果

学家华金栋在倾宗拍下了当时阿扎冰川的动态变化状况后，还在英国皇家《地理学报》上发表文章，文章中明确写道：“阿扎冰川冰舌末端在冰面上有三道环形终碛。它们是两道侧碛分化出来的。每一道侧碛分出三道冰碛，双双在冰舌前会合，从而形成环形冰碛，其顶端指向下游。”按照华氏所说，我们发现自1933年到1973年，阿扎冰川后退了700米。在冰川退出的冰碛上，生长着胸径30～40厘米粗的沙棘和杨树，树龄多在40年左右，与华氏所述十分吻合。

根据1973年和1976年的考察测量，阿扎冰川又后退了195米，平均每年后退65米；到1980年我再去阿扎冰川时，发现末端又后退了100米。

1980年以后，再也没有专门的考察队去过阿扎冰川，不知道倾宗对岸那基岩新月形半岛是扩大了还是缩小了，更不知阿扎冰川的末端是前进了还是后退了。但愿以后还有机会再去那里，若真能如愿，那么，阿扎冰川动态变化的时间和空间序列资料又将向前延伸到21世纪了。

在南峰的周边

1981 年底，我刚刚写完新疆天山博格达峰冰川科学考察研究报告，正准备轻松轻松呢，却接到施雅风先生的召唤，说有重要任务。

施先生是我国冰川事业的创始人，更是中国科学院兰州冰川冻土研究所的创建人，也是世界上著名的冰川学大家。

我刚一落座，施先生便开门见山：不久前他在北京参加中国科学院工作会议时，争取到两个去西藏东南部南迦巴瓦峰进行登山科学考察的名额，他考虑我去比较合适，另一个人请我推荐，还说考察队长是北京地理所的杨逸畴，我们两人很熟，都是 70 年代青藏队的老队员，工作上好配合。

我一听别提多高兴了，于是不假思索就答应了。这次机会对我来说具有十分重大的意义。

之后，在 1982 年、1983 年、1984 年连续三年四次的大规模南迦巴瓦峰综合科学考察中，我作为冰川组的负责人，无论是爬雪山、上冰川、徒步赴墨脱，还是冒险探瀑布，我每次必去，先后发现、认定和考察了我国首条跃动冰川——位于雅鲁藏布大峡谷入口处的则隆弄冰川，后来又在大峡谷支流谷地发现、认定和考察了第二条跃动冰川（米堆冰川）。再后来作为主力队员和分队长参加了举世闻名的雅鲁藏布大峡谷无人区徒步穿越科学考察活动，发现了大片原生红豆杉林，首次认定、考察了绒扎大瀑布，和高登义教授一起提出在雅鲁藏布大峡谷地区发育着若干瀑布群的科学新概念……这些荣誉似乎都属于我，但我心里却时时刻刻不忘施先生作为指路人、导师在我的研究道路上所付出的心血。

1982年初夏，我随南迦巴瓦峰登山科学考察队一起来到了西藏东南部，对南迦巴瓦峰及其周围地区进行了首次综合性的科学考察。南迦巴瓦峰是喜马拉雅山东部的最高峰，海拔7782米，也是当时世界上最后一座海拔7700米以上的处女峰。这里发育着比世界最高峰珠穆朗玛峰还要完整的垂直自然带，不少科学家认为这里是揭开青藏高原上物种起源、生物变异、生态环境演替等诸多科学谜底的一座宝库。

巍峨的南迦巴瓦峰

神秘的“佛光”

从成都沿川藏公路西行，一个星期后我们顺利抵达帕隆藏布所在的波密县。帕隆藏布是雅鲁藏布江的主要支流之一，它在南迦巴瓦峰北坡汇入雅鲁藏布江。之后，雅鲁藏布江突然向南折去，形成了举世闻名的雅鲁藏布大峡谷。

稍作休整后，我们便分期、分批南渡帕隆藏布，进入岗日嘎布山，开始了对南迦巴瓦峰东部地区的科学考察。

一天下午，我们在嘎隆拉山口南侧扎下了南迦巴瓦峰第一个考察营地。海拔 4700 米的嘎隆拉山口是岗日嘎布山较低的山隘，山口南侧海拔 4000 米的地方，发育着几个阶梯状平台，由于第四纪冰川前进时的挖蚀，平台上形成了一个又一个低洼地，两侧山峰的冰雪融水灌注其中，形成了许多串珠似的湖泊。由于岩石硬度等特性的差异和冰川侵蚀强度的不同，在湖中还分布着几个湖心岛；在湖泊的四周，是古冰川退去后的冰碛物，冰碛物中有沙土和漂砾，在冰碛沙土和漂砾上长满了红景天。红景天根茎连着根茎，叶蔓叠着叶蔓，走在上面晃晃悠悠，躺在上面酥酥软软，这是我见到的面积最大的一片天然红景天分布地。营地就设在一块较平坦的长满红景天的湖滨滩地上。

嘎隆拉山口的红景天

黄昏时分，大家纷纷来到湖边，捋起鸭绒衣袖，以手当瓢开始“冷饮”，碧蓝的湖水冰凉刺骨，但十分甘甜。这可是世界上最纯净、最甘甜的水啊！

“‘两栖爬’，快来瞧这是什么东西！”

“‘昆虫’，在哪儿？”

这时，人群里响起了一阵喧闹声。

我们考察队有个习惯，喜欢在人的姓名前面加上专业名称，有的则直呼其专业名称，如“昆虫”“蘑菇”等等。要是在单位，这些称谓是很不文雅的，可是在艰苦的野外考察中，却为我们的生活增添了不少情趣。“昆虫”是指中国科学院北京动物研究所的韩寅恒，老韩早在青藏队时就和我很熟，在天山托木尔峰登山考察时又是一个队的战友。“两栖爬”则是我四川绵阳地区的小同乡，叫李胜全。“昆虫”的话音刚落，就见成都生物所的“两栖

驻扎在嘎隆拉山口的考察营地

爬”随手操起捕捉工具，顺着“昆虫”手指的方向，轻巧地在水中一捞，两条七八厘米长、似鱼似蛙的小动物就被网在尼龙纱布网中了。这东西真怪，说它像鱼，可长着四只脚；说它像蛙，却拖着一条肉乎乎的尾巴。大家正待发问，只听见“两栖爬”侃侃而谈：“这是即将变成蛙的幼体。常见的蛙的幼体表面呈黑色，而这种标本却是褐绿色，而且在雪线附近的湖泊中得以生存，这对我国两栖爬行动物的区系分布、南迦巴瓦地区生态环境的研究都有一定的科学意义。”

接着，我们又爬上了一个有几间房屋大小的冰川漂砾，向西南方向望去，只见葱绿的原始森林像碧波万顷的海洋。在“绿色海洋”的西边突兀着一座金字塔形的角峰，那就是南迦巴瓦峰。

不知什么时候，几缕轻烟般淡白色的雾自南面深谷的林间冉冉升起，缓缓铺开。一转眼，那铺开的雾却魔术般地变成了浓浓的云，不到一刻钟，林海隐去了，取而代之的是白浪滔滔的云海，茫茫无边，那攒动的云层犹如千军万马在奔腾。在起伏的云海之上，南迦巴瓦峰及其卫峰就好似变幻无穷的海市蜃楼，在夕阳的沐浴下发出橘黄色的光芒。

一股浓重而潮湿的雾从我们身后袭来，顿时，我们被飘浮在空中的冰冷水汽包围了，那串珠似的湖泊、彩帆般的高山尼龙帐篷，渐渐被吞没了，融进了茫茫的雾岚之中，能见度一下子降到一米，眼前的一切变得模糊不清。我们亮着手电，深一脚浅一脚地往回走。“佛光！我看见佛光了！”借着身后射过来的手电光，我发现在正前方几米远处出现了一个色彩绚丽的光环，自己的身影被清晰地笼罩在光环之中。我的发现引起了众人的好奇，大家都做起了看“佛光”的游戏。有的人已经躺在帐篷里休息了，听说可以看到神秘的“佛光”，重新穿好衣服，钻出帐篷，互相用手电照射着，欣赏着笼罩在彩色光环中自己的身影。

“佛光”，长期以来被一些虔诚的佛教徒过度神秘化了。其实这只是

当年通过嘎隆拉山口的公路

嘎隆拉山的边格角冰川

嘎隆拉山的多格角冰川

一种光的衍射和折射现象：由于太阳光（或者别的光源）照在云雾中的水汽上，经过折射后形成的一种十分普通的光学现象。当人体背着光线时，便可以看见自己的身影被笼罩在神秘而美丽的光环中。

嘎隆拉山口是当年从波密县进入墨脱县的山隘之一，由于常年大雪封山，墨脱县的门巴族和珞巴族人，一年中只有夏天的几个月才能够翻越山口进入波密县，用他们远道背来的竹篾工艺品等特产换回所需要的布匹、衣物、盐巴、火柴、酒等日用物资。

2008 年 9 月由中央财政拨款，开始在嘎隆拉山北坡海拔 3700 米处开凿了一条南北向隧道， 2010 年 12 月建成并正式通车，这样从波密到墨脱的路程缩短了 24 千米（全长 117.28 千米），我国最后一个不通公路的县墨脱县终于结束了“孤岛”的境况。嘎隆拉隧道长 3.31 千米，北侧入口海拔 3700 米，在隧道入口的两侧分别发育着一条海洋性冰川，左边一条叫多格角冰川，右边一条叫边格角冰川。

雅鲁藏布江大拐弯

离开冰天雪地的嘎隆拉山口，我们辗转来到米林县境内的雅鲁藏布江河谷，开始对南迦巴瓦峰西坡进行科学考察。高原春晚，虽然已是仲夏，内地时令瓜果正盛，但仍看见河谷两岸山坡上的杜鹃花团锦簇，姹紫嫣红，南迦巴瓦峰脚下的山桃才刚刚褪去花蕊。那玉龙般的现代冰川，保存完好的古冰碛阶地，以及在阶地上堆积的灰黄色沙丘，沙丘周围的蒺藜丛和浓郁的青冈林，还有那飞溅的山泉、欢唱的小鸟……形成了一幅生机盎然的图画。在这美丽的图画中，从河流到冰川，从植物到动物，数十个学科专业的理想研究对象都可以找到。

雅鲁藏布大峡谷入口

我们决定沿江而下，到许多科学家、探险家都十分向往的大拐弯纵深地段去考察。

在当地政府和边防驻军的协助下，我们终于深入大拐弯无人区外围地段。宽阔的江面在这儿突然变成了深深的峡谷，峡谷中江流如射，浪涛飞溅，不时可以看见高几十米、几百米的大瀑布悬挂在江峡两岸的陡壁上。美丽的太阳鸟从厚厚的水帘下面飞出飞进，被击碎的水珠飞溅在空中，又汇聚成团团白雾。阳光照射在空中的白雾上，折射出道道彩虹，这些彩虹恰似架设在雅鲁藏布大峡谷上的座座金桥。我们被这瑰丽的景色吸引住了，不约而同地停下脚步，尽情地欣赏着大自然的神奇景象。尽兴之余，想和同伴说几句赞美的话，可是却听不到声音，那声音早被咆哮的瀑布声淹没得干干净净。

在掌握了大量的第一手科学资料后，一个大胆而宏伟的设想油然而生：如果在大拐弯的最窄处开凿一条隧道，截江引水，就可以在不足 40 千米的

大峡谷中奔涌的滚滚江流

水平距离内获取2000多米的水位落差。大拐弯蕴藏着雅鲁藏布江2/3的水力资源，这项工程一旦实现，将得到相当于20多个葛洲坝水电站所产生的电能。西藏是我国能源最紧缺的地区，大拐弯水力资源的开发无疑将为西藏的经济繁荣提供强有力的支持。

2011年,中国科学院山地研究所研究员苏春江找到我,请求道:“张老师,我们正在雅鲁藏布大峡谷做一项有关水电开发建设的前期科学研究，可是许多科学问题得不到解决，虽然请了不少的专家到现场，仍然不能得出圆满的科学结论。能否请张老师出山，去那里指导指导？”

“指导说不上，苏春江还真的找对了人。”我心中暗自说道。因为我在南迦巴瓦峰地区先后跑了几十年，对那里的山山水水，沟沟坎坎，尤其是冰川，真是了如指掌!

要在雅鲁藏布大峡谷地区搞水利开发建设,冰川是一个绕不开的大课题。

2011年11月，内地的许多地方早已是萧瑟秋风黄叶落了，可是南迦巴瓦峰西坡的派镇格嘎村一带仍然柳叶泛绿，山桃微红，野山楂才刚刚透出酸涩的味道。我们到了现场才发现，前两年的研究有些误入歧途，因为一些滑坡、泥石流科学家将大峡谷入口和南迦巴瓦峰西坡的所有冰川作用现象当作了泥石流、滑坡的堆积物!

距今13000年到距今70000年前的晚更新世末次冰期早冰期和晚冰期时,南迦巴瓦峰西坡的冰川类型属于特大复合型围谷山岳冰川，各条支谷冰川连为一体，曾经堵塞雅鲁藏布大峡谷入口，且在其上游形成横亘主流的古冰川湖泊。当时的古冰川湖泊一直向上延伸到了100多千米的米林县一带，水域面积达1000多平方千米。从加拉村到派镇大桥之间的大峡谷入口一带的巨型堆积物，无一例外都属于末次冰期冰川堵江时形成的冰碛物。

距今12000年尤其是距今10000年以来的全新世，随着气候的变暖，冰川退缩到南迦巴瓦峰西坡的各条山谷之内，围谷古冰川湖泊的堤坝渐次被夷

则隆弄冰川谷地中巨大的古冰川冰碛物

平，古湖泊也慢慢消失了。

全新世的两次冰川前进都未曾对大峡谷入口形成重新堵塞。

南迦巴瓦峰西坡最大的山谷冰川——则隆弄冰川是一条具有跃动特性的冰川，1950 年、1968 年的两次突然快速跃动曾对大峡谷入口形成短时间的堵塞，但是其规模、时间都远远不能和末次冰期相提并论。

正是这些应该以冰川学基础和冰川作用解释的科学现象，却被解读成了泥石流和滑坡地貌。固然，这里也有泥石流，也有滑坡，可是数量和规模都有天壤之别，远远不能与冰川作用相比！

经过 2011 年再次对雅鲁藏布大峡谷一带的现代冰川和古冰川遗迹的科学考察，目前，就古冰川遗迹和现代冰川的形态、演替规律，都可以对雅鲁藏布大峡谷地区的开发建设，尤其是水利水电的开发建设提供安全可靠的科学依据。换句话说，在大峡谷出口以上的地段建立水电大坝，从冰川学的角度而言，是安全的！

冰川、泥石流、滑坡等专业都属于地理学范畴，一个合格的冰川学家，除了冰川专业之外，还必须对包括滑坡、泥石流等相关的地理学有更加广泛的了解，同样，作为一位合格的泥石流、滑坡专家也应该对诸如冰川、冻土等相关的学科进行必要的渗透，只有如此，才可以进行比较，进行判断！

经过多方面的科学论证，大峡谷地区的水电开发建设已经被正式提到国家能源安全议事日程上了。

对于西藏，一个是旅游，一个是矿产，还有一个就是水电开发建设，以及与这三件事相关的生态环境保护建设都是具有长期战略性的事情。要把这四件事搞好了，西藏就彻底解决了自身的造血功能，就会插上腾飞的翅膀，真正地迈入小康社会。

跃动冰川

1983 年 7 月初，我们冰川考察组在则隆弄沟扎下了营地。这里位于南迦巴瓦峰西坡，属米林县派区（现改为派镇）管辖。站在海拔 3000 多米的古冰川台地环视整个西坡，在朦胧的雾霭中，大大小小的现代冰川时隐时现，其中一条大型山谷冰川发育在则隆弄的沟谷中，后来在我的论文中将其命名为“则隆弄冰川”。我们一般将长度在 10 千米以上的冰川称为大型山谷冰川。

通过对卫星照片的判读和分析，发现南峰地区一共发育着 5 条大型山谷冰川，其中最长的一条有 15.7 千米。它们的分布就像巨人伸开的 5 根手指，呈不对称状，其中 4 条冰川分布在山峰的东南坡一侧，冰川末端都蜿蜒伸进

南迦巴瓦峰地区的冰川

山坡上的原始森林中。这种冰川的分布形式既不同于天山托木尔峰地区的辐射状，也不同于祁连山、唐古拉山的羽毛状，更不同于云南玉龙雪山的梳状。通过形态的分析对比，我们称之为掌状分布形式。造成这种分布格局的主要原因，除了受地形条件的限制外，水汽来源的方向起了决定性的作用。雅鲁藏布江流经南迦巴瓦峰后，突然呈 90° 向北、向东，然后再呈 90° 向南流去，而这正好给印度洋西南季风气流的北上提供了一个极为有利的通道。南来的气团首先在南峰的东南坡受阻、抬升，凝结致雨，因此这里的降水量远较西北坡丰沛。据测算，东南坡的墨脱县平均年降水量达到 2500 毫米以上，而西坡米林县则不足 600 毫米，如此悬殊的降水差别，导致了山地冰川不均匀的分布。

头天晚上还是满天星斗，早晨拉开帐篷一看，却纷纷扬扬地下起了鹅毛大雪。山风吹来，空中的雪花乱舞，地上的积雪被扬起，眼前一片迷茫。高山、低谷、冰碛、天空，都在混混沌沌的雾白色调中得到统一。

早饭后，雪停了，风也小了，太阳从厚厚的云层间隙中露出了一丝笑靥。我们决定离开营地向冰川上游地段考察。云层变薄了，继而出现了一片蓝天，太阳将地上的积雪融化得斑斑点点。走累了，同伴张振栓建议休息一会儿。邓仁武和多吉是林芝军分区派给我们冰川组的两名战士，他们正走得起劲呢。因连续行路多时，大家已是汗流浃背。我听从张振栓的建议，决定休息一会儿，于是放下背包，倚靠在一块平整的大石头上，手拄着冰镐，边休息，边观望。只见南迦巴瓦峰的岩石层理清楚，多层不同颜色的条带叠砌着；来自主峰附近的雪崩，不时激起一阵阵气浪，我们虽然远在几千米之外却感到凉飕飕的。山坡两侧，那阔叶的杨树、针叶的杉树，淡绿的柳树、黄红的枫树，还有那丛生的箭竹、美丽的杜鹃……被大自然的神功巧妙地安排在不同的部位上。也许是我们这些不速之客打破了这里

南迦巴瓦峰地区的植物——桑树王

大峡谷地区一胎多树的野生桃树王

南迦巴瓦峰地区的核桃树王

则隆弄冰川跃动超覆现象：冰面上已经长满了植物

的和谐气氛，山风加速了，树梢摇晃得更加起劲。一群肥硕的藏马鸡蹒跚地从林中走出来，朝我们这边瞧瞧，然后扑棱一声飞到谷地中一段较平稳的沙滩上。只见沙滩两端，分别堆积着厚 70 ～ 80 米的冰川冰，因为表面有冰碛泥沙的覆盖，看得不十分清楚罢了。一条完整的冰川怎么变成这般七零八落的模样？我简直不敢相信自己的眼睛！我们立即停止休息，迅速向冰川谷地一侧的山坡高处爬去，因为站在那里能够清楚地俯视这条山谷冰川的全貌。啊，呈现在眼前的冰川竟像一条巨龙的躯体被分割成六段，僵卧在则隆弄谷地。冰川最上面的一段连接着从主峰倾泻而下的雪崩锥，而最下面的一段已到达雅鲁藏布江边。在两岸古老冰碛物内侧，一片片崭新的冲蚀痕迹清晰可见，一些新鲜的冰碛物超覆冲压在冰川两侧的树林中……这些现象在一般冰川上是很难见到的。“Surge glacier！”（即“跃动冰川”）我下意识地用英语说道。站在旁边的张振栓也激动地叫了起来：“跃动冰川！”这是在我国第一次发现的跃动冰川！作为一名科学工作者，没有比发现一种新的科学现象更让人激动的了，可以说这是对我们辛勤劳动的最高奖赏。

所谓跃动冰川，是一种具有特殊运动规律的现代冰川，它可以在几小时、几天或者几个星期内突然快速前进几米、几十米甚至几千米的距离。相比之下，一般常态冰川全年运动速度也不过几十米到几百米。则隆弄冰川被分割成若干段的状态，无疑是近期一次强烈跃动所造成的。

这一发现可把我们乐坏了，也把我们忙坏了。在边防战士的配合下，我们深入冰川上游地区，发现在两条支谷冰流的汇合处，来自不同源头基岩地区所产生的不同颜色的冰碛物互相混合；在右岸高约50米的古冰川侧碛垄上，不仅留下了冰川跃动的超覆磨光的痕迹，而且跃动的冰川消融后，留下的巨大新鲜冰川漂砾历历可数。顺着侧碛外沟向下游望去，曾受跃动冰体破坏过的地方，以桦、杨等为主体的新长出的乔木植物群落与较原生的以栎、杉为主体的植物群落颜色各异，泾渭分明。跃动冰川的发现给了我们巨大的鼓舞，我们在冰川上连续工作了十多天，从纵向、横向上测量不同段冰川的剖面，采冰样对冰体进行理化性质的测

则隆弄冰川跃动痕迹

跃动冰川留下的证据："爷背孙"漂砾

试，测量冰碛物的形状、组构，填冰川地貌图，拍摄照片，等等。通过调查，进一步证实了我们关于跃动冰川的判断。后来我们到附近的藏族村落找老人们进行了多次访问，对冰川跃动快速前进的事实有了更形象、更具体的认识，还摸清了它们的跃动过程和历史。

20 世纪 50 年代以来，这条跃动冰川曾先后两次发生过快速运动。第一次是 1950 年 8 月 15 日，则隆弄冰川突然发生超长运动，原本一体的山谷冰川被拉伸断裂，分崩离析，并且快速蹦跃前进，冰川末端在几小时之内，从海拔 3500 米的高度降至 2800 米处的雅鲁藏布江河谷，前进的水平距离达 3.3 千米。跃动而下的冰体横堵雅鲁藏布江谷地，形成一道高 50 多米的冰坝，使奔腾咆哮的江水断流一整夜。在冰体跃动过程中还将江边一个叫直白曲登的村庄夷为平地，除一名叫直木错的藏族妇女在屋梁、石墙的保护下得以幸免外，其余 97 人全部丧生。

1968 年 9 月 2 日，则隆弄沟附近格嘎村的村民正在抢收成熟的荞麦，突然，平时喧嚣的雅鲁藏布江变得异常安静，似乎凝固了。原来则隆弄冰川再次发生了跃动，江水又被堵流了。直到第二天早上，上涨的江水才慢慢退去，格嘎村的村民发现上涨的江水竟然冲毁了距江面约 50 米高的一座水磨房。

据研究，跃动冰川具有比较规律的波动周期。在这次考察中，发现冰川上游积累区的冰流有壅高超覆现象。如此看来，只要有触发因素，下一个周期的跃动有可能在世纪末发生。我们把这种推测告诉了当地政府和居民，希望他们未雨绸缪，加强观测和防范。值得一提的是，当我 1984 年再次前往则隆弄冰川考察时，还亲身经历了一次小规模的冰川快速运动。1984 年 4 月 5 日凌晨 2 点左右，从则隆弄冰川的中部突然传来一声巨响，紧接着又传来一阵类似大树倾倒折断时的撕裂声。天亮后，发现在海拔 3700 米的第三段冰体发生了块体断裂滑动，滑动距离 150 米，很显然，这也是冰川的一种

则隆弄冰川 1984 年滑动现场

格嘎村现代化大桥和古老的水磨房

跃动现象，不过就时间的长短和空间的规模而言，远不如前两次大。

到目前为止，冰川跃动的机制和诱发冰川跃动的因素仍然是一个谜，但随着冰川研究工作的深化，这个谜一定会被揭开。到那时，这种令人生畏的自然灾害现象就可以预报和避免，也许还能化害为利，利用这种奇特的自然现象为人类经济建设服务。

如今的大峡谷入口已经成为西藏自治区的一个旅游热点地区，在南迦巴瓦峰西坡的则隆弄冰川下游，几座现代化大桥凌空而起，格嘎村的附近游人如织，那座小水磨坊早已“功成身退”，被废弃在现代化大桥桥头的灌木丛中。

1991 年，在对同样属于雅鲁藏布大峡谷区域的米堆冰川的科学考察中，我再次发现、认定米堆冰川也是一条发生过多次快速前进的跃动冰川。

1988 年 7 月 14 日夜晚 10 点左右，位于雅鲁藏布江主要支流——帕隆藏布上游的米堆沟发生了洪水灾害。突发的灾害性洪水冲入帕隆藏布流域，

米堆冰川的复式冰瀑布

米堆冰川消融区的弧拱构造

使帕隆藏布水位骤然上涨了 3 米多，将沿途 30 千米内的川藏公路路基摧毁一空，上涨的洪水余波一直影响到 120 千米外的波密县城扎木镇。据当地相关部门的调查，事发之时，沟内天气晴好，也无地震一类的诱发因素存在，西藏自治区交通等部门将其列为“难解之谜”，申请了专项资金，以作解谜之需。

受西藏交通厅的邀请，我率队于 1991 年 5 月前往米堆沟开始对米堆沟的洪水之谜进行了为期三年的科学考察。经过艰苦而详细的科学考察，我再次认定米堆冰川也是一条具有突然发生超长运动特征的跃动冰川。

肩负着揭开米堆冰川洪水之谜的科学考察重任，我奉命率队进入米堆冰川流域，将汽车等一应物资停放在米堆沟口川藏公路 84 道班内，通过了一座摇摇晃晃的木架铁索桥，穿过一片乱石横陈的柏树林，翻过一座又高又陡又滑的雪崩锥，再小心翼翼地穿过一处飞石频频的碎石坡，突然眼前一亮：一片开阔的草坪呈现在我们的面前，草坪上有几处木板牛棚，几头无人看管的牦牛在草地上静静地啃食着青草。原来沟内还有人家啊！果然，走过草坪又是一座木架桥，站在桥头向上游望去，一座雪山巍峨地耸立在蓝天白云之下，宽大的冰川粒雪盆洁白无瑕，两条布满裂隙的冰瀑布像身披白盔白甲的军阵直奔山下而来，在米堆沟的上游形成了一条白色巨龙般的山谷冰川。在冰川末端，散落地分布着三个自然村，一条河流穿行在村落和种满青稞、豌豆的田地之间。

在中间的村庄里，一名叫格鲁的中年人将我们请到他家的小木楼上，给我们介绍了这里的基本情况：沟内有三个自然村，最下面的那个村叫乌池村，上面紧靠冰川末端的叫古勒村，中间这个村叫米堆村。通过简单的交流，我们得知格鲁就是米堆村的村委会主任。

米堆村是波密县玉普乡的一个行政村，下辖古勒、乌池和米堆三个自然村，一共有 18 户人家 100 口人。

在格鲁主任和村民的帮助下，我们在米堆冰川末端建立了考察营地。

米堆冰川是一条坐南朝北的大型山谷冰川。冰川上限是海拔6585米的岗日嘎布峰，冰川末端海拔3820米，冰川长10.20千米，冰川面积26.75平方千米。米堆冰川是一条非常美丽的现代冰川。两条垂直高度为800米的大冰川瀑布好似从天际飘落而下的圣洁哈达，瀑布经过一道长满原始森林的岛状基岩后合二为一形成了米堆冰川统一的冰川舌，在海拔4100米冰川舌的“舌根”处形成了两道泾渭分明的弧拱构造景观。弧拱构造像一圈一圈凝固的水波纹，不仅为米堆冰川的美丽增添了更多的魅力，而且形象地告诉我们——冰川的的确确是一条运动着的冰河。在冰川末端有一个面积约2万平方米的冰川湖泊——光谢错，这是最近百年来冰川退缩后形成的终碛湖泊。

就是这条美得无与伦比的冰川，也有疯狂得让人胆战心惊的时候。

在1988年7月14日晚上10点左右发生的那次洪水灾害中，米堆冰川末端突然像一匹脱缰的野马，大量的冰川冰快速跌落涌入光谢错中。俗话说

米堆冰川海拔5500米的积累区

冰川跃动摧毁后的米堆沟

"一石激起千层浪"，何况是数以万吨计的冰川冰呢！被冰川冰掀起的湖水巨浪冲决终碛堤坝，汹涌而下的湖水连同河水一路冲毁农田，淹没森林，将乌池村中5户人家的房屋席卷而走，5名村民不幸遇难。突发的冰川洪水冲入帕隆藏布江，将沿途近30千米的川藏公路路基严重摧毁，使这条交通要道一度处于瘫痪状态。

根据资料判断，米堆冰川是一条典型的跃动冰川。

目前，对于这类颇有些"桀骜不驯"的怪冰川发生突然跃动的理论机制的研究仍然处于探索之中，这也是国际冰川学界研究的难题。这里需要提醒的是，随着冰川旅游和科学探险考察活动的积极开展，人们只知道冰川看似静若处子，让人感到特别安详，殊不知，一旦遇上了类似则隆弄冰川、米堆冰川这样的跃动冰川或者防不胜防的雪崩、冰崩以及冰裂隙等，要是没有预警信息和防备措施，则会给人们带来意想不到的危险和麻烦。所以，建议那些以冰川为核心的景区管理部门，应该联合相关的科学研究单位，对相关的

米堆冰川复式弧拱构造

冰川动态进行必要的监测研究。我们的科研部门和有关的大学也应该瞄准该领域的需求，结合自身的学科发展，投入一定的人力物力和经费，把跃动冰川的分布、跃动周期和发生机理尽快地找出来，为国民经济服务，同时也能填补冰川跃动在科学理论研究方面的空白。

圣湖那木拉错

离开则隆弄冰川，沿着山坡向南攀登，我们钻进了茂密的原始森林。又经过两天半的艰苦跋涉，来到南峰西南山脊的那木拉山口附近，我们被这里多姿的景观地貌所吸引。一道道融雪泥流冲沟成排地挂在山坡上，像一根根披散在姑娘头上的金色发辫。在山地较平缓的地方，分布着大小相似、错落有致的冻胀丘，一个个就像微型的蒙古包。这是一种典型的冰缘冻土现象，是在现代冰缘气候环境下，冰雪融水渗入地下，经过反复的冻结—融化—再冻结过程，表面的草甸植物由生长到枯死，根系得不到很好的腐烂分解而纠结在一起所形成的，因此也叫冻胀草墩。在山体较高处，还悬挂着几条石冰川，方向朝下，这些呈椭圆形状的石冰舌告诉我们，它是运动着的又一种冰缘地貌现象。

石冰川

在上山前，我向向导、民工询问去那木拉错的路况和行程，一个叫桑多的中年汉子大声地对我说道："那木拉错，尼玛松。"

"那木拉错有三个太阳？"多年的西藏考察，我也学会了一些藏语词汇，"那木拉错"就是那木拉湖，这个我懂；"尼玛"和"松"分别是"太阳"和"三"的意思，我也懂。可是连起来，我就丈二和尚摸不着头脑了，因为按照字面意思讲就是在我们要去的那木拉错有三个太阳。问那两个解放军战士，他们也弄不懂是什么意思。从事第四纪冰川研究的张振栓前几天从则隆弄冰川下来时从马背上摔伤了，被送往八一镇 115 医院救治，遇到问题也没个商量的。正当我迷惑不解时，一位古铜脸色的老人向我解释说："张队长，刚才桑多说的三个太阳就是三天的意思。"我这才恍然大悟。

我们终于来到了那木拉错，在湖滨杜鹃林中的一块空地上建起了考察营地。到达那天正好是 10 月 1 日国庆节，又恰逢中秋节。晚上一轮明月高悬，面前的湖水如镜，背后的冰川似银。我们用途中采摘的猴头菇炖罐头，加上几瓶江津老白酒，我、战士邓仁武和多吉，还有七八个民工围着篝火举

途中的考察营地

杯对饮。

连续三天的考察收获真不少。听说那木拉山口早年也有一条通向墨脱县的小路，可是现在由于气温升高，冰川融化，不少地方悬崖陡起，反而不容易通过了。尤其是那木拉冰川的冰舌已明显退到小冰期冰碛后面的盆地之中，一条银白色冰川融水溪流从破开的终碛垄中突围而出，穿过一片杜鹃林，再穿过一片桦树林，最后注入了碧玉般的那木拉错。

最令人感兴趣的还是山口北侧的那木拉错，湖面海拔 4100 米，水面呈菱形，面积约 10 万平方米，它是南峰山区面积最大、海拔最高的高山湖泊。晴天，在阳光照耀下，湖面反射出宝石般绚丽的色彩；雨天，夹杂着冰霰的雨珠落在湖中，溅起无数珍珠般的水泡，此起彼伏，极为壮观。据当地藏族同胞介绍，那木拉错湖水的颜色随着季节的变换而变化，夏天呈乳白色，像一湖取之不尽的新鲜牦牛奶；秋天，渐变成深蓝色；冬天湖水冻结，在周围杜鹃林的掩映下，恰似一面镶嵌在南峰山岭之间的镜子。我想，如果对外开放以后，这里作为一个天然的高山冰川、湖泊、森林风景区，一定能吸引众多的中外登山旅游观光者。

当地民工兴致勃勃地给我们讲述了关于那木拉错的美丽传说：初夏，当杜鹃花盛开的时候，南迦巴瓦峰山神家族的俊男靓女们便悄然来到湖里，用最名贵的香脂沐浴那常年被冰雪覆盖着的躯体，于是湖水就被染成了乳白色。长期以来，在当地藏族同胞心目中，那木拉错是他们顶礼膜拜的“圣湖”。

据我们考察，在那木拉冰川谷地中出露有含碳酸钙成分的大理石岩层，它们在冰川的研磨作用下，冰融水将大量含碳酸钙的物质带入湖中，形成一种乳浊液。每当入夏，冰川运动速度快，消融强烈，带入湖中的碳酸钙物质多，所以湖水呈乳白色；相反，入秋之后水温降低，矿物质微粒沉淀快，湖水变得清澈透明。这就是“圣湖”的秘密。

那木拉错与格嘎村水平距离仅 5 千米，而垂直高差竟达 1200 米，这是发展地方小水电的理想资源，同时开发那木拉错还可以解决附近村民的饮水问题。这里并不缺乏水源，但经过原始森林净化之后的泉水中缺少许多人体所必需的元素，如碘等矿物质被森林植被大量吸收，导致了一些地方

蓝宝石般的那木拉错

疾病的发生，如甲状腺肿大等。如果在发展地方小水电的同时，动员人们饮用直接由冰川融化补给的那木拉错湖水，将是一举两得、事半功倍的好事。

“旗树”和“航标”

1983年8月的一天，当南迦巴瓦峰顶染上第一抹晨曦的时候，我们已经穿行在通往多雄拉山的密林中了。

多雄拉山在南迦巴瓦峰西南20多千米处，山口海拔4200米，是东喜马拉雅山脉的最低处，也是当时从拉萨去墨脱的主要通道。南来的季风气流使这里的气候瞬息万变：无风无云的时候，强烈的太阳辐射像一支支滚烫的流矢，炙烤得人浑身发疼；如果一阵云雾袭来，气温骤然下降，顷刻之间，仿佛严寒的冬天，铺天盖地的雪霰一堆就是几米厚，过往行人要是刚好遇上风雪，就有被冻僵的危险。

金色的阳光透过霭霭晨雾洒进林间，经过疏枝密叶，在铺着腐叶和苔藓的地面上留下无数斑驳的光点。山风一吹，树摇影曳，光点也跟着晃动，加上哗哗的山泉，啁啾的鸟鸣，我们仿佛进入了仙境，攀登中的疲劳顿时消失了大半。

12点刚过，我们来到原始森林的上限，这里是松林口，海拔3600米。恶劣的气候把森林上限压低了400多米。从松林口往上，就是莽莽雪原了。可是，生物总是在与环境的斗争中求得生存和发展。那不，就在雪原左侧陡峭的石崖上，生长着几排稀疏的云杉，估计那里的高度已超过海拔4000米了，它们真可谓同类中的先锋。云杉的形状长得十分有趣：所有的枝丫像被修剪过一样，统统长在树干的北侧，也统统向着北方伸展，好像一面面在雪原上迎风招展的绿色旗帜。这就是定向山风吹袭的结果。我连忙用彩色正、副片和黑白片拍下了它们的奇姿，并将它们命名为“喜马拉雅雪原旗树”。旗树不仅为研究南迦巴瓦峰地区的生态环境提供了宝贵的依据，佐证了冰川物质的补给来源主要受惠于印度洋季风气流的重要结论；而且还可以作为边防战士训练中主要的地形地物标志呢。

南迦巴瓦峰附近的雪原旗树（1983 年 8 月）

“旗树”，在一些地理教科书中虽有介绍，可是却没有比较典型的图片，因此，“喜马拉雅雪原旗树”应该是经典之作了。许多科学考察者和摄影爱好者，根据我在《大峡谷冰川考察记》一书中提供的线索，按图索骥，仍然没有找到这些“旗树”的原生地。

南迦巴瓦峰附近同一位置的旗树（2011 年 11 月）

到了 2011 年 11 月底，当我再次来到多雄拉山口的时候，尽管已是冬季，就在当年喜马拉雅雪原旗树所在的山坡上，旗树依然，雪原却被一片绿色的草地和灌丛所取代，甚至还发现了冰川积雪退去后出露的典型的鲸背岩、磨光面地貌景观。看来，气候的确是变暖了，气温的确是升高了！这就是时隔将近 30 年的喜马拉雅雪原旗树所在的环境变化，给我们提供了一个毋庸置疑的科学结论。

我们继续向山口进发。雪越来越厚，影影绰绰的小路被掩埋得踪迹杳然。

正愁无路可走，蓦地，前方不远处出现了一点鲜红的颜色，啊，杜鹃花。仔细一瞧，不是一点两点，而是一簇、两簇……在白雪的映衬下，红得似火，红得像血。大雪之后，植物叶面具有比冰雪大得多的吸热能力，所以周围的雪融化得比较快，这样，杜鹃就容易破雪而出，加上那鲜艳的花朵，自然成了茫茫雪海中的“航标”了。果然，顺着走过去，那地方的雪很薄，下伏地形也平整得多。

仍然是同一个地方，当年即使是 8 月也是大雪飞扬，积雪拥路，可是到了 2011 年 11 月，天上下的是雨，地上流的是水，杜鹃依旧，积雪杳然。各种各样的草木灌丛，取代了当年的皑皑白雪。特别是那些根茎粗壮的红景天，还有模样奇特的塔状大黄、洁白纤细的雪茶（一种叶状地衣，可入药，可饮用）、绚丽多彩的各类野果，给多雄拉山口带来了无限生机。就在当年冰川积雪覆盖的巨石上面，我发现了奇特的壶穴微地貌，而这些壶穴正是在长期积雪覆盖下，因为夹杂着沙砾的雪融水流动不畅，在雪盖下左突右漩，才得以转动漩蚀而成。所有这些变化并非一时而成，而是反映出一个长时期的气候环境的大变化。

冰川消退后出露的磨光面

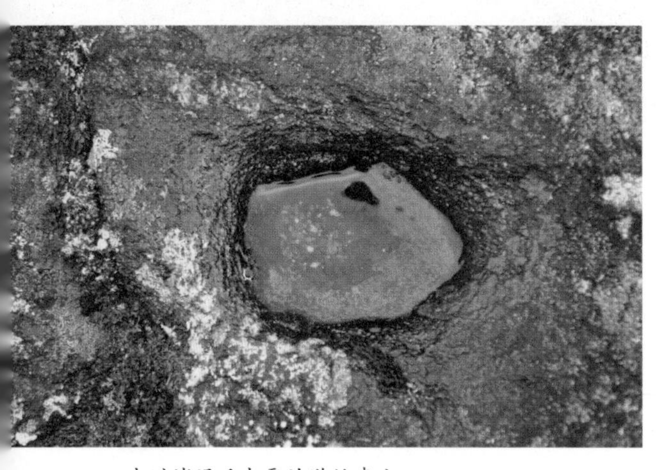

冰川消退后出露的漩蚀壶穴

多雄拉山口的植被及塔状大黄

多雄拉山口的雪茶

多雄拉山口的野果

多雄拉山口的红景天

去墨脱的途中

翻过多雄拉山口，便进入西藏的“西双版纳”——墨脱地界了。向南望去，喇叭形的多雄河谷云深林密，瀑布飞泻。有些地方崖高谷深，从天而降的瀑布来不及飞溅到谷底就被阵阵谷风刮得烟消雾散，好似飘在半空中的白练。当晚，我们借宿在海拔 3100 米的拿格兵站。兵站的班长是四川人，他在招待我们的炒腊肉里放了不少海椒，并给我们解释说，墨脱地区雨水多，多吃海椒可以驱走湿气。

兵站附近的林间溪畔，常有大型野生动物出没。听班长讲，一天早晨，整个兵站还处在黎明前夕的酣睡之中。突然，一个毛茸茸的家伙爬上了班长的床铺，要和他“同眠共枕”呢！随着床板重重的一沉，班长睁眼一看，黑褐色的皮毛，银白的“项圈”——狗熊！这突如其来的不速之客吓得他手脚发怵，可又不敢大声呼叫，只好小心翼翼地用脚尖摇醒邻床的战士。一阵耳语后，战士悄悄地爬起来走到院子里，朝天放了几枪。狗熊似乎感到自己是不受欢迎的“客人”，最终慢腾腾地爬回地上，摇晃了几下脑袋，用尖圆的嘴拱了拱用高山栎树做成的床柱，怏怏地从后门溜走了。

次日拂晓，我们向墨脱县进发了。从拿格到墨脱要走四天，其实说走是极不准确的。每天为了完成 40 千米的山路，大家必须处于不断的跑动中，一会儿爬坡，一会儿下坎，一会儿蹚水，一会儿过桥。那里的桥多数是用一根铁索牵到对岸的“溜索桥”，另外还有用竹篾、葛藤编扎而成的“网桥”。

多雄河谷

过这些桥只能一个人一个人地过，不仅费时间，而且过桥的人还得咬紧牙关，在同伴的鼓励声中才敢壮着胆子，憋着一股子劲，迈出第一步。要是碰到那些有恐高症的人，过这些桥简直无异于让他上刀山、下火海，眼看着桥下那滚滚的江流，哪敢越“雷池”半步呢。所以我总结了一句歇后语：“墨脱的桥——难过。”一是说桥很惊险难过，二是指心情难过之意。为了避免山洪、泥石流的袭击，当地的门巴人都住在高高的山腰上，要是天黑之前赶不到站口，那后果是不堪设想的。何况，跑起来还可以少挨蚂蟥叮咬呢！

当年科考队进墨脱的路

当年转运物资的门巴同胞

墨脱的水多、雨多、蛇多、蚂蟥多。沿途五步一溪，十步一河，从早到晚，我们的下半身就没有干过，空气潮湿得可以一把捏出水来，更不消说十天就有七八天是大雨滂沱了。在途中小憩的时候，我们将浑身湿透的衣服、袜子脱下来，先拧干，再用手使劲地在空中甩，利用离心力的原理，一会儿工夫便可

用竹篾和葛藤编扎成的网桥

以将衣服、袜子上的水分甩掉一大半。一些北方人谈蛇色变，看到菜花蛇秤杆似的僵直地挂在树枝上，南峰锦蛇像粗粗的彩色尼龙绳一样盘卧在草丛中，就吓得一声声怪叫，触电似的连连后退。其实，许多蛇并不会主动进攻人类，它们颇讲究“人不犯我，我不伤人”的原则。令人防不胜防的，倒是那些至今想起来还令人倒吸一口凉气的蚂蟥。

墨脱的蚂蟥俗称“旱蚂蟥”，动物分类学上称为山蛭。山蛭呈墨绿色，多生长在山间潮湿的地方，或倒悬在树梢、树叶上，或隐蔽在茅草、烂泥中。如果有人从这里经过，它们会以极快的速度弹落在人们的脖子上、手臂上或腿脚间，甚至可以从衣服线缝中钻到贴肉处，真可谓 “钻营”冠军，随后就疯狂地吸起血来，直至吃饱喝足自动滚落为止，人们方有疼痛的感觉，可是为时已晚，被叮吸过的地方早已血肉模糊了。要是走路的速度比较快，蚂蟥往往扑空，这样人就可以少受些皮肉之苦。

西藏的“西双版纳”

当年墨脱背崩乡的门巴村寨

墨脱县城坐落在南迦巴瓦峰东南侧雅鲁藏布大峡谷下游东岸的一个平台上。“墨脱”是花儿的意思。真是名不虚传，放眼望去，天南星、使君子、木兰以及许多豆科植物的花儿竞相开放，散发出醉人的芳香；一簇簇香蕉果实累累，满坡满坝的稻谷

墨脱的凤尾竹林

墨脱背崩乡的梯田

墨脱树蕨

一片金黄；一株株野生的柑橘、柠檬和甘蔗围绕着村寨，一片片竹林掩映着水塘。山坡上浮云流动，季雨阵阵，瀑布飞溅。

在县城附近的门巴村寨前，我们和生物组队员们汇合了，房东大娘赶紧把我们迎进小木楼。刚刚在火塘边的草团上落座，一个十四五岁的小姑娘已从里屋提着一竹筒曼加酒轻盈地来到我们跟前，斟满酒后，双手举起木碗先呷了一口，意思是酒是可以饮用的，请客人们放心。三大碗曼加酒下肚后，几天连续行军的疲劳顿时消失了一大半。曼加就是鸡爪稻，是门巴人种在坡地上的一种农作物。用鸡爪稻酿制的曼加酒颇似长江流域农家的米酒，酸甜中带着醇香，是门巴人常年不离的饮品。

木楼四周是一片秀丽的竹林。透过宽大的窗户望去，几只美丽的蝴蝶在竹枝间翩翩起舞，一群红喉鹛鸪在屋檐下欢快地唱着歌，这一定是它们为欢迎客人而举办的音乐会吧！突然，一条一尺多长的小青花蛇蠕动着朝一根粗大的凤尾竹爬去，当爬到一个小孔旁边时，嘴里吐出了长长的芯子，对着小孔吻了吻，接着慢慢地钻了进去……原来，呈现在我们面前的是一幅十分有趣的生物链画面：当竹子还是嫩笋的时候，一种土蜂为了吸取蜜汁而钻穿了笋壁，雨水流进了小洞，灌满了竹腔，这时树蛙误入迷津，以为这里是产卵的好地方。后来，笋长成了竹，卵孵化成蝌蚪后又蜕变成蛙。可是树蛙又如何能预见，而今竟成了小青花蛇的“瓮中之鳖”。不过，青花蛇也别得意得太早。因为此时“两栖爬”已经提着工作箱来到那根竹子旁，趁蛇填饱肚子爬不出来的时候，给竹腔内注上了乙醚。最终，这条后来被鉴定为南迦巴瓦地区新种属的爬行动物和几只残存的树蛙一起，都成了生物研究所永久的“客人”。

为了采集犀鸟标本，在房东小姑娘的带领下，我们来到德兴区一片原始森林中。森林里十分潮湿，间或射进林间的几束阳光照在树木叶片的水珠上，反射出灿烂的色彩。林中的植被结构和树种组合纷繁庞杂：上层是千果榄仁、西南紫薇、天南木和榕树等常绿阔叶树浓密的树冠；婆娑的六驳木、多姿的厚壳桂、修美的阿丁枫、俊逸的瓦山栲等，组成了绿色王国中的第二层世界，那些悬吊在树干上的根须，植物学上称为“气根”，它们直接吸收空气中的水分和微量元素作为自己的养料；在树下，更有数不清的小灌木、小乔木和真菌、蕨类等交相生长。

墨脱大犀鸟

门巴姑娘一会儿跑到

前面，一会儿落到后头，在和考察队的接触中，耳濡目染，她已经能从分类学的角度叫出许多动植物的名字了，什么桑科植物、豆科植物啦，什么白冠噪鹛、斑纹鸟等等，熟悉得和园子里栽的、屋檐下养的一样。

“扑棱棱——”一只美丽的大犀鸟受惊后飞落在十米开外的一株树蕨上。“叭！”一声清脆的枪响之后，大犀鸟跌落在地上。走近一看，铁钳似的长喙，金黄油亮的脖子，长长的羽翼闪耀着蓝宝石般的光泽。动物组老杜小心翼翼地抱起这只珍奇的犀鸟，激动地说：“可算得到南迦巴瓦峰地区第一号犀鸟标本啦！”

犀鸟，主要分布于非洲、亚洲南部以及新几内亚等地区，属典型的热带鸟类。

艰苦的跋涉，辛劳的考察，大量的标本资料告诉人们，在墨脱低海拔河谷地区，在动植物的分布上、组合上都反映出热带类型特征。看来，把这里说成西藏的“西双版纳”是有一定道理的。

征服南迦巴瓦峰

对南迦巴瓦峰地区经过两年考察后，1984 年 3 月，我们科考队员和中国国家登山队、西藏自治区登山队的队员们再一次来到南迦巴瓦峰西南坡，开始对南峰进行侦察性攀登和高海拔的科学考察。

经过充分的准备，大量的登山和科考物资、器材由人背马驮运进了南迦巴瓦峰西坡一个叫接地当卡的古冰碛平台上。这是一个初春的傍晚，当数百名登山队员、科学工作者、记者和民工陆续到达这里后，长满森林、灌木和蒿草的接地当卡顿时沸腾了。

在鸟语啁啾的杜鹃林中，数十顶登山帐篷拔地而起，一个帐篷村在这人迹罕至的高山脚下落成了。鲜艳的五星红旗被竖立在两丈多高的桦木杆上，在冰川风的吹拂下哗哗作声，迎风飘扬；百叶箱、雨量筒、空气采样器、发电机、发报机、录像机已各就各位，各司其职了；成捆的雪杖、冰镐和背架在夕阳的照耀下发出金属的光亮。从帐篷厨房里传出了红外线汽油炉呼呼的燃烧声和叮叮咚咚的切菜声，这是管理员和大师傅正在给大伙准备大本营的第一顿晚餐。《外婆的澎湖湾》那悠扬宛转的曲调从登山女队员的帐篷里飘了出来，为这沸腾的接地当卡增添了几分妙曼的气氛。

“这是一个古老的冰碛平台，”趁开饭前的空当，登山科学考察队的队长、著名的地理地貌学家杨逸畴正给几个年轻的登山队员讲述着大本营平

杨逸畴（左）、高登义在接地当卡大本营

台的形成历史，“距今 10000 年以前，南迦巴瓦峰地区发生过一次大的冰川作用。当时的气温要比现在低六七摄氏度，海拔 2700 米以上的地区完全处在冰天雪地之中。后来冰期结束，气温回升，冰川大规模地消退了，裹杂其间的大量岩石碎屑物质被遗留下来了，有的堆积成像接地当卡这样的冰碛平台，成为今天研究冰川发育历史的可贵依据。”

“杨老师，这么说，在冰期雅鲁藏布江不就被堵住了吗？”机灵的小卜还没有忘记上午经过雅鲁藏布江时，我曾告诉他江边海拔高度是 2700 米。

多年艰辛的野外考察使杨教授患上了严重的支气管炎，只见他边咳嗽边向我示意。我顺手指了指雅鲁藏布江两岸的古冰碛阶地，接着杨教授的话说：“是啊，那时候发源于南迦巴瓦峰的冰川，经过接地当卡，一直流到江底，堵住河谷。当时江水流量不如现在大，但仍然在上游形成面积达上千平方千米的冰川堵塞湖。前两天车队经过林芝、米林等地见到的厚层湖相沉积，就是那个时期的产物。”

“哦，想不到在我们眼前还有这么多奥妙啊！看来，冰川还真有些研究头呢！”登山队另一个年轻人小董感触地说道。

“那，研究冰川和人类生活都有些什么关系呢？”来自北京刚刚毕业的经济学专业大学生何小培发问了。

“冰川是气候的产物，通过冰川变化历史的研究，不仅可以探讨冰川地区过去的气候环境，而且还能获取未来气候变化趋势的若干信息。现代冰川是一个硕大无比的固体水库，作为最少污染的淡水资源，已经被许多国家和地区所重视。作为一种自然营力，冰川将成百上千万吨的基岩物质剥蚀、搬运到山麓地带，形成具有良好工程力学性质的冰碛堆积体，这些都成了许多重大工程比如厂房、公路、铁路、电站、水坝建设中的天然基础。由于冰川作用过程缓慢，有利于搬运途中一些重金属矿物质的富集，因此冰川堆积物还是某些贵重金属如沙金矿的理想矿床……”

我的话音未落，科考队副队长、负责气象的著名大气物理学家高登义先生大声叫道：“快看，南迦巴瓦峰！”我们一齐回过头来。果然，看见云雾渐渐退去，南迦巴瓦峰清晰可见，活像一个亭亭玉立的少女。那峰顶的旗云，宛如披在少女头上美丽的纱巾；流溢在山体下部的现代冰川，在晚霞的辉映下反射出五颜六色的光带，好似系在少女腰间的百褶彩裙；而发育在

接地当卡大本营

南迦巴瓦峰冰雪檐

山峰两侧的雪檐，特像一条搭在少女脖颈上的洁白哈达。突然，一阵轰隆隆的雪崩声从冰川谷地传来，似乎是“少女”在提醒我们：“要撷取我颈上的哈达并不是一件轻而易举的事啊！”

通往1号营地

离开大本营，我们行进在通往1号营地的林间小道上，沿途松柏蔽日，云雾飘拂，丝绒般的松萝悬挂在树枝、树干上，恰似舞台上的天幕。透过天幕，隐约可见几只噪鹛在林下的箭竹丛中欢快地跳跃、飞舞。

弯弯曲曲的小道，时而被盘根错节的树蔸和倒置杂陈的树干所阻隔，时而被积雪和冰凌所覆盖，行军时发出的各种声音都被幽邃的森林所吸收。只有置身在这绿色海洋中，才能感受到大自然弹奏的轻音乐，我们顿时觉得背负的行李似乎变轻了。

“叭！”前面传来一声清脆的枪响，紧接着看到老杜提着一只美丽的小鸟从一簇浓密的箭竹林中钻出来，兴奋地叫道：“太阳鸟！我得到南峰地区第一号太阳鸟标本啦！”

“哎呀，真好看！”走在队伍中间的几位北京姑娘顾不得放下 30 千克的背包，围着老杜一边看着，一边啧啧称赞。

队伍停止了前进。

“太阳鸟属鸣禽类，太阳鸟科，它们多生活在非洲和澳大利亚，在亚洲的南部也有分布，但在青藏高原还不多见。雌性的羽毛颜色并不鲜亮，雄性的羽毛带有金属一般的光彩。它们常常飞舞在树丛花间寻找花粉、昆虫，在和煦的阳光照耀下，显得尤其美丽。太阳鸟可以停在空中觅食花蕊或者昆虫，就像美洲的蜂鸟一样，有人将它们称为亚洲的蜂鸟……”老杜正给我们介绍有关太阳鸟的知识，只见几个藏族同胞从队伍后面快步赶来，一脸的不高兴，嘴里还不住地嘟囔着，那阵势显然是冲着老杜来的。果然，经一名藏族队员翻译，才知道当地是不允许捕猎这些珍奇动物的。据说，这些珍奇动物都是南迦巴瓦峰山神所养，要是打死一只，以后就再也见不着这种动物了。接着，一名藏族同胞还给我们讲述了一个令人感慨的传说：很久以前，一位造诣颇深的喇嘛由徒弟陪同，在一只梅花鹿的引导下，兴高采烈地向南迦巴瓦顶峰进发。梅花鹿原本是南迦巴瓦峰山神的坐骑。山神念及附近村民们勤

美丽的大峡谷绣眼儿鸟

劳笃实，令仙鹿下山繁衍生殖。此时梅花鹿因回家心切，只顾蹦蹦跳跳向前赶。徒弟性子急，见梅花鹿不听招呼便生了气，弯弓搭箭，将鹿射倒在地。待师父赶到时，梅花鹿已经伤重气绝。老喇嘛见状长叹一声："阿弥陀佛！此山不可欺，从此鹿迹绝。"话音刚落，梅花鹿突然就地一滚，化作一团祥云向峰顶飘然而去，眼前却平地生出一道万丈绝壁，接着一阵惊天动地的雪崩把师徒二人抛回山下……打那以后，南迦巴瓦峰的山野里再也看不到美丽的梅花鹿了，而冰崩、雪崩和岩崩倒是年年不断。

听完这个神奇而悲切的传说后，我们无不被藏族同胞这种保护自然环境和生态平衡的可贵精神所感动。通过那名藏族队员，我们告诉藏族同胞，采集标本的目的是为了对这里的自然资源保护提供可靠的科学依据。我们坚决反对滥捕乱杀，对于那些濒临灭绝的动物，还将向有关部门提出人工发展和专项保护的报告。听完解释后，藏族同胞们这才转忧为喜，其中两名藏族同胞还主动说到达 1 号营地后要给老杜做向导呢！

准确的天气预报员

当太阳快从西边的喜马拉雅群山消失的时候，我们终于来到海拔 4300 米的 1 号登山营地。1 号营地建在一个长满高山密叶杜鹃林的倾斜坡地上，不到半人高的杜鹃林下堆着厚厚的积雪，我们各自寻找林木相对稀疏的地方搭建帐篷。刚刚将行李放进帐篷，就从对讲机中得知，修路突击队在建好 1 号营地、2 号营地后又突破了天险喇叭口，进入乃彭峰冰雪平台，先后在海拔 5600 米和 6400 米的高度建起了 3 号营地和 4 号营地。平时登山队的队员总是讲："没有科学考察，登山活动就没有生命。"而我们却深深体会到，没有登山活动，高山地区的科学考察就难以达到应有的高度。多少年来，高山地区的科学考察总是沿着登山队员的足迹进行的，而这些登山科考之路正是以登山英雄们的血汗甚至是以生命为代价开拓出来的。

雪中的考察营地

“1号，1号，我是大本营。请转告各高山营地，今夜有暴风雪，请注意加固帐篷，防止事故发生……”我们正为侦察先锋们的神速进展庆贺的时候，忽然对讲机中传来副队长高登义教授那急促而清晰的四川口音。在1975年攀登珠穆朗玛峰的活动中，他提供的准确天气预报，曾给我们留下了深刻的印象，更为当年成功登顶任务的完成提供了科学保证。

天气预报是极高山区登山活动和科学考察中安全行军、起止进退的重要依据，不仅暴风雪，就是能见度、骤然的气温变化等都需要及时预报，因为气温的骤然变化乃是冰崩、雪崩暴发的重要前提条件。

在根本无路可循的冰原雪海中，明暗裂隙纵横，稍不小心就可能坠入深不可测的冰穴。而冰穴中簇生着冰芽、冰笋和冰柱，好似一把把锋利的钢刀，人一旦掉下去，即使没摔死，也会被戳得千疮百孔！1981年一名日本女登山旅游者就是在茫茫大雪天气里行走时，一脚不慎，掉入天山博格达峰的一条冰川裂隙中，虽经六七个小时的营救仍未成功，最后只能放弃。

老高这位气象专家十分认真，他通过编码信号，将中央气象台和拉萨气象台电传到大本营的卫星云图数据，以最快的速度同实测资料进行对比校对后，再一一点绘到天气图上，于是一条条温度、气压和湿度的变化曲线以及云图运行路线，便清晰地出现在南迦巴瓦峰的“上空”。根据这些曲线的变化趋势，可以比较准确地对未来 1 ～ 3 天的天气进行预报。

夜幕降临了，天空布满了星星。从喇叭口方向不时传来隆隆的雪崩声，透过茫茫夜色，可以看见雪崩摩擦时迸发出的紫蓝色静电火花，火花和星光交相辉映，为这天寒地冻的夜空增添了一丝温馨。我们吃了一些烘鱼干，喝了点榨菜三鲜面汤，之后就钻进尼龙帐篷里。杨逸畴和我同住一个帐篷，连续十多个小时的高山行军，我们很快就进入了梦乡。

夜里大约一点来钟，一阵狂暴的呼啸声把我们从梦中惊醒，只觉得被风灌得鼓鼓的帐篷在黑暗中拼命地摇曳，像一只即将腾空而起的气球。好在帐篷都加了双钉，再说里面还睡着两个大汉，再加上背包、行李和仪器，就算是十级大风，这只“气球”也是飞不起来的。

次日早上，掀开帐篷门一看，好家伙，整个营地被埋在厚厚的积雪中。掏出卷尺一量，雪深近一米！从对讲机中获悉，除大本营一个未住人的帐篷被压塌，4 号营地两顶尼龙帐篷外层被刮破之外，全队安然无恙。登山队队

南迦巴瓦峰登山科学考察气象组施放平飘气球进行气象观测

长兼教练王振华在对讲机中感谢考察队及时而准确的天气预报，并向老高致以“南迦巴瓦峰的敬礼”。经研究分析得知，这次暴风雪是西风南支槽气流和西太平洋副高压气团在这里引起的一种复合型天气过程带来的，携带着丰富的印度洋水汽的西风南支槽气流，沿雅鲁藏布江北上运行到南迦巴瓦峰附近，由于高山地形的阻挡而形成丰沛的降雪；同时，一股来自西太平洋上空的干热气团使海拔 4000 ～ 5000 米地带形成一种巨大的温度差，从而产生了强烈的高空风。这类天气对登山活动、科学考察是极大的威胁，对中低山区农牧林业生产也会带来不利的影响。

征服喇叭口

从 1 号营地出发，绕过布满石碛的山梁，再爬上一个高约 700 米的冰雪坡，我们来到路口曲源北支冰川侧碛的顶部。气压表告诉我们，这里的海拔高度是 5000 米。身后，一株株常绿杜鹃、密叶杜鹃、伏地杜鹃和那一簇簇高山伏地柏、宝塔般的大黄、随风摇曳的柽柳……似乎在为我们加油。目标，就是冰川雪线，我们一步一步地奋力攀登着。

向前望去，建立在雪线上方的 2 号营地，像一片片飘落在冰海雪原上的五彩云霞。营地的人们已经看见我们了，只见他们纷纷走出帐篷向我们迎来。

“雪崩！”当我们与出迎的人群相距 200 多米时，经验丰富的杨教授突然高声叫喊道。话音未落，就听见轰隆隆的一声巨响，惊天动地；接着，巨大的蘑菇云状的白色烟柱在营地后 1000 米的地方冲天而起，然后迅速散开。一时间，烟云吞没了整个营地，也吞没了前来迎接我们的队友。我们加快了速度，疾步向前行进。正当我们忐忑不安地担心队友们的安全时，只见王队长等人从一块大冰碛漂砾后面爬了出来，一边拍打着浑身的雪粒，一边

在南迦巴瓦峰登山科学考察途中

喇叭口附近的雪崩，海拔 6500 米

紧走几步，上前抢着替我们背仪器、行李。当提起刚才的雪崩时，老王风趣地说："这是南迦巴瓦峰为欢迎你们鸣放的礼炮！"他指着那烟云未尽的雪崩处告诉我们："那就是天险喇叭口！"

天险喇叭口地处南迦巴瓦峰的卫峰乃彭峰冰雪台地的南沿，这里并不是传说中仙鹿就地滚成的万丈绝壁，而是在南迦巴瓦峰形成过程中受逆冲构造控制形成的一处断崖。喇叭口就是长期以来由于冰崩雪崩的打击、侵蚀在断壁上形成的一处大型雪崩槽。这里尽管是频繁发生雪崩的地段，然而又是从西南山脊征服乃彭峰继而攀登南迦巴瓦峰的唯一通道。它是由左右两条支沟汇合而成的复式雪崩槽，形状像一个顶天立地的大Y字，左支槽的上方发育着很厚的冰雪檐，具有多年登山经验、对高山冰雪颇有研究的王振华队长，深知这是喇叭口最主要的雪崩发源地；右支槽上方坡度较缓，虽然时有溜雪发生，但不足以给攀登过程构成危险。同时，老王还观测到晴天的大中雪崩多发生在上午 11 点以后。"这是不是由于此时的气温变化，足以破坏雪层临界平衡状态的缘故呢？"老王十分谦虚地问我。"是的，由于气温的升高，促使部分积雪融化，下渗到雪层中的融水好似润滑剂，破坏了雪层间固有的结构力，从而诱发了雪崩的暴发。我们一般把这称为融雪型雪崩，它们的发生规律和气温的日变化有着密切的关系。”我尽量回答得简洁明白，因为高山缺氧，话得节省着说。

通过调查、讨论和交流，一个大胆而科学的侦察攀登方案形成了：突击队接近喇叭口下缘后，先沿主槽左外侧向上爬行 100 多米，这里有一个山脊缺口，从缺口向右，就是两条支流雪崩槽的汇流处。留一个人在缺口处监视雪情，其余队员按规程将主绳牵到交汇处对岸的斜上方，要求必须在上午 11 点之前完成这一任务。万一出现雪崩，因为右支槽雪崩运行方向呈之字形交替变化，到该段的打击点距通过路线还有 10 多米高，估计不会发生致命的危险。

当宋志义他们借助自己埋设的金属锥和保险绳进入雪崩槽后，2 号营地的人们通过望远镜一刻不停地注视着他们的每一步进展。一刻钟过去了，两刻钟、三刻钟……真是难熬啊！王振华的双腿已深深地陷进雪层，强烈的太阳炙烤着人们裸露的皮肤，老王的面部由黄而红，进而又变成紫黑色，像涂

雪崩补给型再生冰川

登山途中小憩

了一层厚厚的浆果汁，嘴唇干裂了，殷红的血凝固在绽开的皮肉之间，整个面部都变形了。何小培劝他喝一口饮料润润嘴，他却无动于衷。是啊，这时振动他耳膜的，仿佛只有宋志义他们埋设金属锥的敲打声和高山缺氧、过分劳累而引起的急促喘息声。

监视雪情的陈建军半蹲半跪在基岩缺口处，翘首上望。许多次，由于自身的摇晃而产生错觉，以为那危姿险势的雪檐已经塌裂。正要发出警报，一刹那，他又下意识地明白过来。

紧接着，一个又一个楔进基岩和冰雪层中的金属锥连接着尼龙主绳，像一条彩练，终于被拉向了对岸。沿着队友们修好的“路”，小陈快速地通过了交汇口，这时差 5 分钟 11 点整。突然，一声炸雷般的巨响，铺天盖地的冰块、雪团滚滚而下。小陈急忙打开随身携带的摄像机，但还不到两秒钟，雪崩前锋的冲击波已死死地把他压在雪崩槽右侧的刃脊面上。足有一分多钟，小陈处于极度的窒息状态，但是一种强烈的责任感使他紧紧地抓住摄像机，他心里明白，不仅要依靠它如实地反映登山队员是怎样不畏艰险勇敢攀登的，而且还要将高海拔地区的气候状况、冰雪地貌、地质环境等一一记录下来。要知道，科学工作者正等着这些宝贵的资料呢！

雪崩过去了，但雪崩留下的烟云仍然笼罩着那令人揪心的喇叭口。一直陪着王队长站在雪地上的何小培细心辨识着对讲机中所有的声音信息。“2 号，2 号，我们全体安全，请放心。”终于，从扬声器中传来了宋志义那嘶哑中带着刚强的甘肃口音。王队长一把从何小培手中夺过对讲机，激动而热情地说道："同志们辛苦了。你们已经胜利完成了打通喇叭口最关键的任务。现在我命令你们乘胜前进，争取在天黑之前上到喇叭口顶端的冰雪平台，到达3号营地。"

沿着右支槽外侧锯齿般的山脊，13根40米长的主绳一根接一根地通向了新的高度。正是科学的指挥和顽强的拼搏，一条通往乃彭峰的"天梯"建成了，后续人员沿着这条天梯，将大量的装备、食品源源不断地送到更高的营地。在整个侦查攀登过程中，我对雪崩、冰崩都做了详尽的记录：在近20天中喇叭口每天暴发雪崩20多次，最多的一天达49次。我们虽往返数百人次，却未发生任何大的危险。我半开玩笑地对老王说："队长，你可以写一篇雪崩发生规律与登山活动的论文了。"他淡淡地笑了笑说："我现在最关心的是乃彭峰与主峰之间是否能有一条登顶路线！"

十几天之后，突击队顺利地登上了海拔7043米的乃彭峰。登山队员们站在乃彭峰上，正好面对着南迦巴瓦峰的南山脊，这是一条约2000米长的陡峭刃脊，局部地段坡度达70°～80°，它的下部是坚冰、裸露的岩石混合条带；中部是一个凸出来的悬崖，有四五百米高，就像一个伸出来的老虎嘴；上部是雪檐，再往上是雪脊。顶峰上覆盖着棉花状厚厚的积雪，有几个像狼牙状的雪柱斜立着。具有登山经验的人都知道，这种复杂的地形，如果稍有震动，雪檐和雪柱就会倾泻而下，造成雪崩。再往下看，乃彭峰与南迦巴瓦

南迦巴瓦峰的卫峰——乃彭峰，海拔7043米

峰的结合部位“南坳”，底部是岩石和硬壳冰，冰面上张开一道道宽大的裂缝，连搭帐篷的地方都很难找到。这里地形之复杂，危险性之大，是大家事先都没有预料到的。

登山队员们惊愕地凝视着南迦巴瓦峰，身兼摄影师的陈建军用摄像机、照相机不停地拍摄着令人震惊的险峻地形，耳边时时传来轰轰隆隆的雪崩声。

当时国内的登山技术和装备还相对落后，从这里攀登南迦巴瓦峰主峰极为危险。绝大多数队员的意见是放弃从南山脊攀登南迦巴瓦峰的方案，另选路线。

宋志义打开报话机向在 2 号营地指挥的队长王振华和大本营的王富洲政委详细报告了情况，最后说：“我们的意见是暂时下撤，再从其他方向侦察攀登路线。”

经过一阵沟通之后，王振华队长思索片刻，然后果断地宣布：“现在我命令下撤。”

天空像高山上的冰川湖水一样湛蓝、透彻，南迦巴瓦峰是美丽的，令人神往的，然而又是那样神奇，不容易被征服。

这天，北京时间 13 点 30 分，7 名登山运动员开始从乃彭峰下撤。负责一线指挥的攀登队长仁青平措对大家说：“你们走吧，我留下，我去试试，登不上去，要死死我一个。”

“那怎么行！”大家一致反对，但内心深处与攀登队长一样，既不甘心又不是滋味。

是啊，自 3 月中旬以来队员们不顾生命危险，穿林海，爬沟壑，突破雪崩频繁的天险喇叭口，跨过 10 多千米长的冰雪平台，历时一个月的时间，以及在乃彭峰上的 13 个日日夜夜，队员们斗风雪、抢时间，连续作战，历尽了千难万险。如今已登上了南迦巴瓦峰的胸部，却不能继续向前，这不能不是登山队员们的一大憾事。

在我国登山史上，没有实现登顶就撤离，这还是第一次。队长王振华鼓励大家说：“壮志未酬心不甘,这种精神十分可贵。今后，我们一定积极创造条件，选择适当的时机继续对南迦巴瓦峰进行侦察攀登。我深信，我国登山队员在不久的将来，一定能够征服这座美丽的处女峰。”

后来，在 1992 年 10 月 30 日，由中国国家登山队、西藏自治区登山队以及日本山岳会组成的联合登山队终于成功地登上了这座世界上排名第 15 的极高山峰，南迦巴瓦峰终于被征服了。

登山队员在下撤的登山营地中

部分南迦巴瓦峰登山队员合影

冰川暴发

BINGCHUAN BAOFA

在大峡谷地区考察，随时随地都会遇见各种各样的灾害事件。洪水、滑坡、雪崩、泥石流，尤其是泥石流常常会和我们考察队不期而遇。因为大峡谷山高谷深，又是季风性海洋性冰川的分布区，冰川运动作用不仅为泥石流的形成、发生提供了丰富的物质条件（冰碛物），而且冰川的消融融水还为泥石流提供了丰富的动力条件，加上高山峡谷产生的巨大地形差异，为冰

凶猛的泥石流

川泥石流等山地自然灾害提供了十分丰富的环境条件。长期以来，川藏公路所经过的波密县帕隆藏布流域段，不是雪崩堵路断河，就是泥石流毁路毁桥。这一段公路常常因此中断，甚至发生车毁人亡等灾害事件，给千里川藏线上的国防战略造成难以预料的影响。由于泥石流的发生与冰川作用分不开，在科学专业上这就是冰川泥石流，当地群众则习惯称之为“冰川暴发”。

历险泥石流

1983年的一天夜里，我们在林芝县培龙乡政府宿营时亲身经历过一次凶险的冰川暴发——培龙沟泥石流的全过程。

培龙，又叫迫龙，位于易贡藏布和帕隆藏布交汇处向南10千米的地方。这里有一条支流穿过川藏公路注入帕隆藏布，当地人称“培龙贡支”。在这条小河的出山口，一座30米长的多孔钢筋水泥桥跨河而建。

在桥的西南岸，有一片河相冲积阶地。几排砖木结构、铁皮盖顶的平房依地势分布得错落有致，林间空地上的苞谷，缀满了耀眼的红缨穗儿；用毛竹和树干从培龙沟深处引来的冰雪融水，分别从后窗引入各家各户，人们足不出户便可喝上从雪山流下的自来水。呈之字形的石梯把这些房屋与下面的川藏公路连接起来。在公路的另一侧开辟了一块较宽的平坝，平坝上停放着两辆铁牛推土机、一辆解放牌大卡车。那就是川藏公路104道班。在桥的另一端是一处河相三角形台地。在台地靠江水一侧，是一片四合院式的纯木结构房屋，木柱、木墙、木板瓦、木板地、木门、木窗。院子里面设有小卖部、卫生所、幼儿园。这就是当年的培龙乡政府所在地。当时的培龙乡属林芝县东久区管辖，川藏公路从乡政府的大门前通过。

这里是川藏公路进入西藏后的海拔最低点，不足2000米。南来北往的车辆、行人经过艰辛的长途跋涉，都喜欢在这儿停车小憩，或欣赏这冰川雨林奇特的自然风光，以那旖旎的山水画般的地貌景观做背景摄影留念，或走到小溪旁，砍一截毛竹，对着那从雪山上流淌下来的甘冽溪水一阵痛饮，长途的车马劳顿便会烟消云散。要是停留时间长一点，还可以免费到长青温泉洗浴呢。

温泉在培龙乡政府以北约3000米的地方，数不清的泉眼源源不断地将含有硫的化合物和其他多种微量元素的热水从地壳的深处导出，泉眼处雾气腾腾，突突有声。若是夏天，更有成千上万只色彩斑斓的蝴蝶在霭霭雾气中飞舞穿行、嬉戏追逐，给这里平添了许多欢快美好的气氛。川藏公路从温泉中间通过，迫使不少泉眼改由公路两侧喷涌而出。道班工人在离江面高20来米的山坡上用青石、水泥砌起一个三四米见方的池子，泉水随注随流，不淤不腐，五六个人可以同时沐浴。无论春夏秋冬，温泉的流量不增不减，温度不升不降，人们因此叫它“长青温泉”。凡从川藏公路经过的人，彼此一旦熟悉了，总少不了问一句：“在长青温泉洗过澡吗？”所以说培龙虽小，

培龙附近的长青温泉（1983年）

却很热闹。

1983 年 7 月 28 日，由于我们这批科学考察队员的到来，给这江边乡镇带来了几多热闹的气氛。

那是中国科学院组织的南迦巴瓦峰登山科学考察的第二年。当结束了南峰西南坡的考察工作，翻过喜马拉雅山东端海拔 4221 米的多雄拉山口，经米林县派区向北坡转移的时候，我们地学专业十多个人汇合在一起，经林芝县城，翻过海拔 4750 米的色季拉山，来到风景如画的培龙贡支与帕隆藏布交汇的地方。适逢前一天培龙沟涨水，将钢筋水泥桥南端的引堤冲塌，桥面部分悬空，队长杨逸畴招呼大家弃车步行来到乡政府所在的四合院。他让送我们的车辆返回林芝县城，然后取出县政府的介绍信，请当地干部协助组织进山的民工、向导和马匹，决定在这里休息一两天后便到大拐弯附近继续我们的登山科学考察。

培龙乡的居民多是珞巴族和门巴族。珞巴人和门巴人习惯住在高高的山寨里。接待我们的是东久区派驻乡里指导工作的一位副区长，他是墨脱县的珞巴人。听说我们刚从墨脱出来，这位副区长显得格外热情。墨脱县共分六个区，居民以门巴族为主，有少量珞巴族分布。南面的背崩、德兴和墨脱三区，习惯上称为下墨脱；北面的帮辛、加热萨和金珠（现改为甘登乡）三区，习惯上称为上墨脱。

雅鲁藏布江在南迦巴瓦峰西北坡突然形成一个马蹄形大拐弯，然后向南冲开东喜马拉雅山的崇山峻岭，向印度次大陆奔腾而去。深邃的南北向河谷使印度洋和孟加拉湾湿热的水汽源源不断地向北而来。这北向的汽团，首先在墨脱地区形成强大的西南季风降水中心，墨脱县城附近的年降水量多达 2500 毫米以上，于是在墨脱形成了少有的热带—亚热带季雨林景观，无论动物区系、植被类型、气候环境都具有十分独特的风貌，不仅有“西藏江南”的称谓，还有“中国第二个西双版纳”的美誉。

海洋性冰川是冰川泥石流的源泉

在南峰登山科学考察计划中，墨脱地区被列为重点研究对象。由于墨脱处于喜马拉雅山、念青唐古拉山和横断山以及印度次大陆过渡地带，地形复杂，地质构造十分破碎，洪水、泥石流、山崩、滑坡，此起彼伏，国家花费了不少的人力、物力和财力，试图从米林、波密两个方向修公路到墨脱，均中途受阻，墨脱一度成为我国长期唯一不通公路的县。要去墨脱科学考察，吃的、用的都靠人背马驮。前一段时间，我们靠两条腿对下墨脱三区进行了全面考察，下一步将要对上墨脱三区进行考察。

副区长先派人为我们张罗住处，通知有关村寨抽派进山民工，然后向我们讲述着墨脱曼加酒的醇香、香蕉的美味、水蜜桃的甜蜜，他还亲自到临江的菜地里摘了一大竹篮西红柿、茄子和朝天椒。这里的老百姓住得分散，当地人形象地说“隔山能讲话，见面累死马”。在山沟狭窄处，人们将一根铁索的两头分别固定在隔岸的树桩或老山石上，砍一根硬杂木就火上一烤做成木枷椅，用山麂皮拧成的绳往铁索上一挂，便成了一个吊斗。山民们坐在吊斗上，两手交替着往前把着铁索，过往自如。但遇上山沟开阔处，彼此要见面，就只有从高高的山上下到深深的河谷，再一步一步地往对岸山上慢慢地爬吧。民工一时到不齐，估计得等一两天。

“看来又要变天了。”次日中午，南京大学自然地理专业的彭补拙老师一边揉着自己的腰，一边很认真地说道。老彭总说他的腰是不花钱的“晴雨计”，可是帕隆河谷的气候变幻无常，刚才还是晴天，转眼之间又大雨倾盆，所以大家谁也没在意他的“天气预报”。

下午三四点钟，培龙贡支上游突然浓云密布，随着道道闪电，暴雨铺

丰富的冰川融水是产生冰川泥石流的动力因素

天盖地而来。急骤的雨点像滚珠似的猛烈地敲打着屋顶上的木瓦；房后的瓜蔓、瓜叶连同黄瓜、茄子、辣椒、豇豆被如注的雨线撕打得枝叶狼藉。只转眼工夫，昨天刚平息的溪流又变成了一条气势恢宏的苍莽蛟龙，从那浓郁的原始山林中涌出。水位再次陡涨，刚刚修复的拱桥引堤及护坡再次被凶猛的洪水冲垮。道班工人迅速开来两辆推土机，不断地将备用的竹篾和铁丝网好的石块倾入被急流冲刷的堤岸内侧。好在两个多小时后雨变小了，桥墩、桥孔和桥面基本上安然无恙。受损的桥基很快又被修复填好，等候在两边的车队鸣着喇叭陆续从桥上驶过。

晚饭后，副区长来到我们的房间，说民工多数已经到齐，明天早饭前后还能来几个，估计明天上午就可以动身了。我们齐声向副区长道谢。副区长走后，我们分头准备个人的装备、干粮、仪器、资料、地图。为了保持体力以便明天赶路，我们收拾完后便早早入睡。

正睡得香甜，突然有人高声吼道："还不快起来，泥石流暴发啦！"几乎同时，我的鸭绒被被人掀开。睁眼一看，是队长杨逸畴。借着晃动的手电光，我下意识地看了看表，水晶液面里电子计数器还没有跳到两点。我一边嘟哝着，又想重新躺下。杨队长见状，再次大声地喊叫："还不快起来，泥石流漫进院子里啦！"听到杨队长再次急促的喊叫声，我这才吃了一惊，顿时睡意全无，一边掀开身旁还没完全清醒的新疆地理所第四纪冰川研究员王志超的被子，一边反射似的跳到床下。顿时，一股瘆人的冷气从门缝、窗棂，甚至从屋顶木瓦的空隙向房内袭来。大地在颤抖，帕隆河谷在颤抖，空气中弥漫着生石灰的味道，夜色中充满了阴森恐怖的气氛，仿佛世界的末日即将来临。

在几束手电光的照射下，只见黑暗中人们都紧张地行动着。凭着十多年野外考察的训练，仅十几秒钟，我便卷好行李，用垫在包皮布下面的军用帆布带十字一勒，按队长杨逸畴宣布的往房间里侧的一排铺板上一扔，随手

1983年培龙沟泥石流现场

将爬山包往背上单肩斜挎，便跟着往门外跑。我后脚还没跨出门槛，便被眼前的景象吓得目瞪口呆：雨早已停歇，在惨淡的月色中，只见乡政府大院中白茫茫、亮晃晃的全是泥浆，大部分人员已经撤到后山高处的安全地带，几只来不及飞出的鸡、鸭陷进黏稠的泥浆中，扑棱着筋疲力尽的翅膀，发出低低的哀鸣声。正愁如何蹚过这齐腰的泥海，只见靠公路一侧小卖部的房门大开，副区长边向我们晃动手电筒，边高声招呼我们沿屋檐下的台阶，扶着板墙向他走去，然后从小卖部的侧窗跳到公路上，再深一脚浅一脚地往后山上爬去。

这时，四周的低地早已是汪洋一片，乡政府也成了一个即将被吞没的孤岛。流动的泥浆里漂浮着树木残枝，上面栖息着来不及逃走也无法逃走的青蛙、长虫、蚂蟥之类的小动物。手电光偶尔照射到它们的身上，反射出隐隐的绿光，让本来恐慌的人们更加毛骨悚然。在夜色中待久了，也渐渐能分辨出远近高低，只见山坡上的灌木丛中散乱地站满了大人小孩，没有呼叫，没有吵闹。不知什么原因，也不知什么时候泥石流的轰鸣声变小了。寂静中，只有几位去拉萨转经的康巴喇嘛捻念珠的沙沙声和念经的喃喃声，还有小卖部代销员怀中不满周岁的婴儿那甜甜的吮吸声。在人群中间还夹杂着逃出来的牛、羊、马、狗、猫。那时西藏的许多农牧区基层干部，虽然都是由国家统一配给粮、油、茶、盐，但诸如酥油之类的特殊食品却不够他们的需求，所以不少区乡工作人员都养有奶牛、奶羊，每天挤奶、打酥油以补充供应之不足。至于马，更是他们必备的交通工具。牲畜比平时更通人性，不跑不跳，不吠不叫，它们一定明白：在这大难临头的时候，只有人类才是他们最可靠、最值得信赖的朋友。那几只藏犬，人称波密狗，据说可以咬死老虎，白天看起来一个个凶神恶煞似的，此刻也静静地依偎在他们的主人和我们这些陌生人中间。

被培龙沟泥石流冲毁的乡政府大院

“老夏，老夏呢？”我们喘息未定，突然听见小徐高声地问道。

“夏老师，夏凤生！”大家不约而同地呼唤着老夏的名字。夏凤生是南京古生物研究所研究多孔虫化石的专家，小徐是他的助手。

杨队长听不到老夏的回音，转身就往山下的乡政府跑去，我把背上的爬山包一扔，也紧跟其后。当我们重新回到房间时，果然看到老夏刚刚收拾完他的背包。我不由分说，一把夺过背包就箭一般地冲出房门，杨队长抓住老夏的手拖着就走。当我们三人正通过小卖部后窗时，只听见身后传来一阵沉闷的响声。我们急忙跳到公路上，涉过瘆人的泥浆，重新爬回站满人群的山坡。这时再回头望去，发现我们住房的一半已被一阵涌浪卷入江水之中，远远望去，还能看到一起一伏、时隐时现的屋脊、房柱向江心漂去。大家见我们平安返回，心中的一块石头才算落了地。不过，心直口快的彭老师却把老夏批评了好几天呢。说起来也真悬，要不是小徐突然发现老夏没和大家一起撤出，要不是杨队长及时下山营救，也许会酿成永远不能弥补的悲剧。就在我们返回山坡后不久，和江岸平行的另一排房屋也被卷进了帕隆藏布。老夏似乎没听见彭老师的严厉批评，嘴里一个劲地重复着：“好悬，好悬，感谢，感谢！”杨队长平时最和气，当时却一句话不说，看那样子，一方面是为老夏后怕，同时也为老夏的动作迟缓动了气。

后来一问才知道，原来老夏和我们同时出的房门，接着他发现照相机不在身上，又重新跑回房里去寻找，东找西找，没有找见，后来突然想起自己背上的背包，放下背包解开，伸手一摸，照相机果然在背包里，他正要出发恰好我们赶到。科考队员都有一个习惯，那就是不论发生什么事件，首先要带走的是自己的爬山背包。那里面不仅装有必备的压缩干粮、防寒衣物、自卫武器，更重要的还有各类地图、资料，尤其是现场拍摄的胶卷，这就等于是考察队员的生命。老夏平时吃饭、走路、开会讨论的时候喜欢把照相机斜挎在肩上。刚才慌乱中找不见照相机，他以为落在房里了，所以老夏重新返回房间并不是他不知道危险在即，而是怕丢失了照相机中的胶卷资料！后来一清点，果然所有的队员都只背出了爬山包。庆幸的是，我们住的那栋木房只被冲走了一半，而所有的行李刚好都集中在没冲走的另一半房屋中的铺板上。

朦胧中，看着那孤岛似的乡政府和幸存的一小半断壁残垣，我真感谢杨逸畴教授的那一掀。不过嘴上仍和他开玩笑说："这真是大水冲了龙王庙，泥石流不认识我们科考队啦！"

"快帮我看看，这是什么东西？"只见新疆地理所的老王一边揭起被泥水紧贴在肚皮上的冲锋衣，一边失声地喊道。用手电筒一照，原来几十条圆溜溜的大蚂蟥叮在老王的胖肚皮上，正吸得起劲呢。藏族战士达娃把衣袖一捋，对准老王的肚皮猛拍了几巴掌，只见那些蚂蟥纷纷从老王的肚皮上滚落下来。达娃是林芝分区的边防战士，是这次考察队专门为冰川组配备的，负责我们的保卫、藏语翻译等工作。在往返墨脱的途中，多亏有他的照顾，我才少挨了蚂蟥的叮咬。

老王肚皮上的蚂蟥提醒了大家，一时间大家的惊叫声不绝。原来各自的身上都爬上了不少蚂蟥，有的已吃饱喝足寻找脱身之路；有的正吸附在皮肤上，大口吮吸着；还有的探头探脑，正寻找下口的地方呢。人们恨透了这些趁火打劫的吸血虫。达娃告诫大家，可别小看了它们，接着他给我们讲了一个真实的故事。一次，他们部队里一名执行任务的战士在去墨脱的途中与大家走散，迷失了方向。几天的连续跋涉使这名战士疲劳至极，终于在一棵阿丁楠树下昏睡了过去。上千条蚂蟥从绑腿缝隙、衣领开口处爬到了战士的皮肤上，疯狂地吸着战士的血。干瘪的蚂蟥吸饱了血变得又粗又长，战士的脸却惨白得像一张白纸。后来多亏几名进山打猎的门巴人发现了他，将他抬回村寨，调养了一个多星期才恢复过来。达娃还告诉我们，对付这些吸血虫，最好的方法就是用手掌狠劲地拍打，千万不能用手去拔，因为即使拔断它们

泥石流摧毁了公路桥梁

的身体，吸血的那一端还会死死地钻在肉里，抠都抠不出来。

为了避免蚂蟥的侵扰，我们爬到没有长草的石头上原地跑步，这样，蚂蟥就很难有机会爬到身上来。

终于挨到了天亮。举目望去，培龙乡政府大部分房屋都被卷走了。泥石流溅起的水雾使远山近树变得朦朦胧胧。后来才知道对岸104道班停放在公路旁边的两辆推土机和一辆解放牌大卡车也被泥石流冲走了。透过水雾，只见公路桥下被泥石流带来的巨砾、石块、大树塞得满满的。水势显然小了许多，失去龙头的泥石流洪水从被毁的桥面上流过，形成了一道宽宽的瀑布。头天夜里泥石流高峰到来时，由于桥孔被堵，部分泥石流物质便向桥的两端公路上漫延开来，致使路面、院子里都注满了深深的泥浆。令人惊奇的是，在泥石流堆积物中还残存着许多破碎的冰块，有的大如磨盘，一般的也有碗口大小——难怪昨晚寒气逼人，脚踩到泥浆中感到透心的冷。我捡起几块

培龙冰川泥石流堵塞帕隆藏布形成的堰塞湖

冰，掏出上衣口袋中的放大镜，对冰块的冰晶结构进行了详细观察，发现冰晶的长短晶轴的排列十分规则，显然是受过动力变质作用的冰川冰。从公路桥往下，夹杂着巨石、圆木和冰块的泥石流扇形堆积一直延伸到帕隆藏布对岸，使原来湍急的江流一夜之间被堵塞成湖。乡政府的房屋被冲走正是湖水回流时造成的灾害。江边的那片菜园也变成了水乡泽国。成百上千辆运输车被堵在了培龙沟两岸的公路上。一夜之间，川藏公路又陷入瘫痪。

人人都在诅咒着可恶的冰川泥石流。

解析冰川泥石流

由于泥石流中有大量的冰川冰块，可以判断，这是一次因暴雨诱发的冰川泥石流灾害。培龙贡支的源头是一条运动状态十分活跃的季风性海洋性冰川。10 多千米长的冰流自海拔 6000 多米的雪山蜿蜒而下，冰舌一直延伸到亚热带山地森林区，冰川末端海拔高度不足 3000 米。由于受印度洋和孟加拉湾西南季风气候的强烈影响，冰川区的降雨量特别大，年降雨量能达到 2000 ～ 3000 毫米。冰面坡度陡，运动速度快，裂隙密布，冰川温度高，消融强烈。尤其在夏季，冰川消融深度可以达到 5 米多深！强烈的冰雪融水顺着冰川裂隙渗入冰下，使冰体与谷床之间形成局部水膜。当水膜扩展到一定程度，冰川稳定性随之大为降低，从而产生块体滑动。破坏冰川稳定性的因素大致可以归纳为以下几种：地震活动；来自周围高山区的冰崩、雪崩的打击；高强度的阵性降雨；长时间晴好天气过程促使冰川消融强度增大；冰内湖的突然溃决等等。

科学家把200多万年以来的地质历史称为第四纪。第四纪以来，地球经历了若干次冷暖交替变化。当地球表面变冷，冰川就发生大规模的前进，科学家把这一时期叫作冰期；当地球表面变暖，冰川就产生大规模的消退，科学家称之为间冰期。大量的证据表明，第四纪以来地球表面经历了三次大的冰期和相应的间冰期。最后一次冰期又称末次冰期，结束于距今10000多年以前。这10000多年以来又被称为冰后期或者气候适宜期。在冰后期地球表面又经历了若干次小的冷暖交替变化，最强烈的一次是距今3000多年，另一次距今300多年，前者被称为新冰期，后者被称为小冰期。每次冰川前进和后退都要留下大量的冰川沉积物，这就是冰碛。冰碛是冰川在形成、发展和变化过程中所形成的一些疏松的岩屑物质堆积，分布在谷地两侧的叫侧碛或者侧碛垄，横亘于谷地中央的叫终碛或者终碛垄。在一些宽浅的河谷地区，古老的冰碛经后期流水夷平大多比较稳定。在西藏东南部季风性海洋性冰川区，这些冰碛台地上都生长有茂密的原始森林，多数已经成为农牧林业生产区和现代交通（如公路建设等）的天然基础。可是，在一些沟谷深处，由于流水切割剧烈，这些第四纪冰川遗迹多处于非稳定状态，一旦发生冰崩、雪崩、冰川块体滑动或地震，它们便加入其中，成为大型灾害的“帮凶”。

当冰川后退时，原来冰下地形比较低凹的地方便容易成为湖泊。其中湖堤由终碛垄构成的湖泊叫作冰碛湖。这些由冰雪融水为主要水源的高山湖泊，宛如一个个镶嵌在万山丛中晶莹剔透的蓝宝石，在雪山冰川的映衬下尤显得风光旖旎。平时，这些湖泊文静得好似久居深闺的少女。可是，一旦上源的冰川在地震、雪崩或者冰川跃动等因素影响下失去平衡而发生快速滑动，大量冰雪物质争先恐后涌入湖中，这些“少女”马上会撕去羞涩的面纱，瞬间变成骄横恣肆的混世魔王。冰雪进入湖中，湖水骤然上涨，上涨的湖水连同排天巨浪冲毁湖堤，将高于海拔三四千米以上的湖水具有的势能转变成雷霆万钧、一泻千里的动能，沿途斩关夺将，将沟谷中本来就不安分的第四纪冰碛物悉数席卷。随着冰湖溃决、洪水向下游泛滥，沟谷内向下运动的物质越来越多，能量愈来愈大，最终酿成规模巨大的冰川泥石流。培龙沟这次特大型灾害，无论是物质的组成还是能量的来源，都与冰川有着十分密切的关系，所以是一次典型的冰川泥石流。

趁着暂时不能出发的空当，我取出了随身携带的航空照片和大比例尺的彩色合成卫星影像冰川分布图，通过小型立体镜判读，发现在培龙冰川末端果然有一个以冰川终碛为堤的湖泊，多裂隙的冰川末端前沿伸入冰碛湖中。初步分析可能是高强度的暴雨（高处为雪，低处为雨），使冰川周围高山季节性积雪突然增厚，失去稳定性而发生雪崩，雪崩打击冰川，从而破坏冰川与谷床之间的平衡而发生冰川快速滑动；或者是因为高强度的降水，通过裂隙渗入冰下使水膜增厚扩大而使冰川出现快速前进。无论是前者还是后者，或者两者兼而有之，最终冰川的快速前进致使冰碛湖发生溃决，进而暴发了这次大型冰川泥石流。

惊心动魄的一幕已成为过去。那么未来会怎样呢？尤其对于川藏公路的修复，如果不对将来这一灾害点的再发可能性做出科学的判断，桥位的选择、桥梁的修复、被毁路段的整治定会出现新的麻烦，不仅费工费时，甚至会造成新的生命、财产的巨大损失。我把这些想法连同对这次灾害产生的原因的判断向队长杨逸畴全盘托出，他点头称是，并说当务之急必须弄清楚灾害之后，源头冰川的动态状况是否达到了一个新的平衡和稳定状态？冰碛湖溃决程度如何？沟谷内沿途剩余松散固态物质还有多少输移潜力？处于哪一种平衡状态？植被破坏程度怎么样？某些地段坡脚被掏空后会不会造成新的滑坡？这一连串的问题都亟待得到答案。然而，当时进行上述考察的条件还不成熟，一是我们有登山科学考察任务；二是泥石流堆积物还处于胶黏状态，无法越雷池半步。我们把希望寄托在西藏交通厅有关部门。当考察结束后我给交通厅一位工程负责人写了一封信，主动请缨组织人员进山考察，想争取一些经费支持。事后才知道，收信人因回内地探亲没有及时收到这封信。令人惋惜的是，次年 7 月和第三年 5 月，这个名不见经传的培龙沟又接连暴发了与第一次规模不相上下的大型泥石流，尤其是 1985 年 5 月 24 日暴发的泥石流所造成的损失更是骇人听闻。

川藏公路的“盲肠”

川藏公路自 1954 年通车以来，从来就没有安宁过。类似培龙冰川泥石流规模的灾害不下数十次，至于一般塌方断路的中小型灾害更是多不胜数。

古乡冰川泥石流造成的堰塞湖

古乡冰川泥石流流通区的峡谷地貌

仅帕隆藏布流域200多千米公路段内特大型灾害就多达7次：1953年和1964年古乡冰川泥石流；1967年拉月大塌方；1983年、1984年和1985年培龙冰川泥石流；1988年米堆冰川跃动引起的冰碛湖溃决洪水。这7次大型灾害都与冰川、积雪的活动有关，对川藏公路及其交通运输造成了巨大损失，其总值至少在几十亿人民币以上。米堆和古乡两个灾害点相距150千米，古乡、培龙和拉月三个灾害点相距不过50千米，因此人们把这200余千米的地段称作川藏公路的“盲肠”。

古乡沟在波密县城扎木镇以西50千米处。1953年9月29日夜间，无穷无尽的泥砾石块伴随着丰富的冰雪融水，从一条狭窄的山谷中汹涌咆哮而出，六七十米高的泥石流龙头直泻山外。所到之处，不论是盘根错节的千年老树，还是入地生根的卧牛顽石都被尽行卷走，大片森林、田园被毁，大量的泥石流物质跃入帕隆藏布后淤积抬高堵塞，在其上方形成了一个宽约2000米、长约5000米的古乡湖。这一带的山川地形为之改变！

据后来考察、访问、分析，这次泥石流最初可能源于1950年的察隅大地震。察隅大地震的震中距古乡200多千米，震级为里氏8.5级。那次罕见的大地震致使藏东南许多地方发生了滑塌、堵塞，也使古乡沟源头的冰川和大量的古冰川堆积物发生滑塌、松动。也许不具备足够的水源吧，当时并未发生泥石流灾害。经过三年的融化、酝酿，终于在1953年秋天失去了最后的平衡，以不可阻挡之势磅礴出山，致使川藏公路古乡沟口段30多年不得安宁。其中，以1964年7月22日至24日持续时间长达57小时的泥石流规模为最大。目击者是这样描述当时的情形的："泥石流发生前先是涨水。……涨水后，水量骤减，浓度增大，变成墨汁般的浆体，夹杂着一些大大小小的石块，延续数分钟至十余分钟。此后，河床断流，时间一二十秒至一分钟不等，斯时，万籁俱寂。须臾，便见峡谷内烟雾腾空，响声如雷，泥石流从峡口夺路而出，黑浪翻滚，石块撞击发出火花，情景煞是惊人。"据说当时并未见降雨过程，显然是一次以冰雪融水为原动力而诱发的冰川泥石流灾害。著名科教片《泥石流》中真实而形象地记录了当时的惊险景象。自

古乡冰川泥石流堆积

川藏公路上经常发生的滑坡和沙溜灾害

1964 年以来，古乡沟每到冰川消融季节就像一位重病初愈的病人，虽说三天两头总还有些头疼脑热的，不过再无大病。自 1989 年以来的对比观测，发现古乡沟已趋于相对平稳阶段了。

拉月是培龙沟向西南不足 20 千米的一个峡谷，帕隆藏布的另一条支流东久河从这里流过。两岸陡峭的高山直插云天，单行公路依山而建，一旦一车抛锚，就会全路被堵。这里就是 1967 年轰动全国的拉月大塌方的发生地。当时公路对岸的一处山体在雪崩打击下发生滑塌。滑塌的山体连同雪崩雪在向下飞速降落时跃过东久河，堆积到对岸的川藏公路上。此时正好有一支部队运输队由此经过，整个车队和十名驾驶员无一幸免。自此，拉月地形骤变，东久河和川藏公路为之改道。

这里不得不再次提及米堆沟冰川洪水灾害。

米堆沟是位于波密县城以东 100 千米的一条冰川谷地。谷地的上源发育着 8 条现代冰川，最大的一条就是米堆冰川。这条冰川长 10.20 千米，冰川末端有一个面积约 2 万平方米的终碛湖。远远望去，这道垄状终碛酷似横亘在山间河谷中的一座古老的城堡，“城堡”上面长满了粗大的杉树、杨树、桦树和柳树。据出生在米堆沟古勒村、当时在波密县民政局工作的白玛拉姆介绍，她小时候见到这“城堡”后面冰川末端只有一个小水塘。白玛拉姆当年 48 岁。据此推算，米堆终碛湖的历史也就是 50 年上下。这是冰川消融退缩后形成的一处冰川湖泊。米堆沟的冰雪融水在川藏公路 84 道班处汇入帕隆藏布。1988 年 7 月 14 日晚上 10 点左右终碛湖堤突然溃决，溃决洪水裹挟着小山般大小的冰块沿米堆沟席卷而下。流量高达每秒 1000 多立方米的灾害性洪水将两岸大片森林、农田夷为平地，冲走了流域内 4 座木桥、2 座水磨、5 户民房，还有 5 个藏族同胞在睡梦中被夺走了生命。凶猛的洪水倾入帕隆藏布后，先造成主流河水暂时受阻水位抬高，然后以更高的水位、更大的流量向下游冲去，致使 84 道班到中坝之间约 30 千米的公路全部被冲毁。

由于公路被毁，破坏了一侧山坡松散堆积物的稳定与平衡，于是又发生了多处再生性灾害如滑坡、沙溜和滚石等，川藏公路陷入瘫痪达大半年之久。进藏的大批军用、民用物资不得不改道甘肃、青海，从青藏公路运入拉萨；许多紧急物品只好改用飞机运送。包括后来公路的整治投入在内，损失总额达数亿万人民币。由于洪水中夹杂有大量的树木，当次日凌晨洪水经过扎木镇时，横跨帕隆藏布的一座中型水泥桥孔被堵，致使县城许多单位遭到水淹。事后查明，米堆水毁是由于米堆冰川突然快速滑动（冰川学上称为冰川跃动）引起的湖水上涨，迫使湖堤溃决而酿成的一次冰川灾害事件。

米堆冰川灾害曾经让当地政府和群众感到十分恐慌，当地政府曾经向上级相关部门申请移民搬迁，想将沟内群众悉数搬迁到安全的地方。

不过经过我们多年的科学考察，认为米堆冰川跃动的周期至少为 50 年以上，经过 1988 年那次冰川洪水灾害之后，冰川末端的冰碛湖面积已经大为减小，湖堤出水口基准面也降低了许多，尤其是原来的河床宽度经过那次洪水的冲蚀扩充了不少，增大了相应的行洪能力。同时，因为米堆冰川具有独特的景观价值，尤其是独特的旅游景观价值：宽阔的粒雪盆、壮观的复式冰川大瀑布、被冰川瀑布包围着的森林岛山、神奇而典型的冰川弧拱构造、优美的 U 形谷、明镜般的冰碛湖泊、大片的冰川雨林、藏族民居、世外桃源般的隐蔽性，都是别处没有的。在川藏公路路过沟口时，一般人很难想象那狭窄的沟口里面会有那么多的奇特景象。我们建议不宜移民搬迁，应该在科学的规划后，实行退耕还林，退耕还草，整治河道，实施沟内群众传统农业、牧业以及林业经济的转型，在继续监测冰川动态的同时发展旅游业。

到了 2003 年，米堆沟口的帕隆藏布上已经建起了一座永久性的钢筋水泥桥，川藏公路 84 道班处也修建了旅游观光的门票站，沟内原来的牧民、农户办起了为来自四面八方游客服务的“农家乐”“牧家乐”“藏家乐”。

再说培龙沟

1983 年培龙特大冰川泥石流之后，虽然我们当时想到了在不久的将来可能还会发生继发性灾害，但没有想到来得那么快，更始料不及的是两次继发性灾害的规模都不亚于第一次。

1983 年培龙冰川泥石流，将大量固体岩石碎屑物质输移到帕隆藏布中沉积下来，一夜之间江水减速，水位抬高，江面增宽，湍急的江流顿时变成了碧波荡漾的平静水域，上升的水面几乎与公路齐平，原先生长在江边的各类花草树木成了“水生植物”。长青温泉本来比江面高出 20 多米，灾害后，当我们向易贡曲流域转移的途中洗温泉时，发现温泉底部已经十分靠近打着回旋的江流了。

为了保证川藏线的畅通，西藏交通部门驻通麦机械化公路工程队，在原桥址附近很快架起了临时钢架桥梁；同时密切观察势态的变化，一旦确定培龙沟在一两年内处于比较稳定的状态，就准备再设计建造一座永久性的公路桥。

1984 年 7 月 28 日，继发的泥石流就像小孩用橡皮轻轻擦掉写错的字一样，轻而易举地将使用了一年的钢架桥滑进了江中。堵塞的堤坝继续加高，江面继续上升。附近一段公路几乎与江面齐平，甚至还出现了几处滑塌。1983 年被淹的树木经过一年的冲刷浸泡，大部分已经枯死，焦黄的树冠在

冰川泥石流过后架起的临时钢架桥

江水中机械地摇晃着，使人顿生凄凉萧瑟之感。长青温泉已直接与江水贯通，那不大不小的流量和不升不降的温度由于江流的侵入已成为历史；乡政府残存的木板房被再次上涨的江水彻底卷入江流之中。只有桥对岸的104道班因为地势稍高仍然坚守岗位，一旦天气稍微好转就会利用有限的几台大型机械抢修被毁的路段。

就好比一个人，他的肠胃出了问题，排泄一次不行，必然要排泄第二次甚至第三次。1983年暴发的冰川泥石流使培龙沟这个放大了的肠胃中储存了十分丰富的不稳定固体堆积物质。直到1985年5月24日那最后“一泄”才终于使其肠通气顺，使这种地貌过程中的势能与动力之间的转换处于一个新的平衡状态。而那最后的“一泄”在川藏公路灾害史上留下了十分悲壮的一页。

青藏高原的5月，大地刚刚复苏，春姑娘姗姗来迟。但是在海拔不足2000米的培龙河谷，却早已生机盎然。成片的溪木树缀满了嫩绿的叶片，苍劲的通麦栎浓郁如染，山桃花、杜鹃花争奇斗艳，青翠的箭竹随着山风的吹拂，扬起阵阵波浪。一座更长、更高、更结实的钢架桥重新矗立在多灾多难的培龙河上。各种车辆通过这里的便道时总是把速度放到最低，也许是驾驶员们想领略一下培龙天险沧海桑田般的变化风貌吧！抑或是怕马力大了，噪音会惊醒这神秘的培龙沟中那处于沉睡中的灾害灵怪。当然，也可能是这便道起伏不平，砾石累累，车辆通过时不得不减速慢行。

从5月中旬开始，培龙河谷就出现连续小雨天气，气温也一天高过一天。到5月20日这天，降雨量超过10毫米，气温达到15℃，河水却不见明显的上涨。一直到5月23日，小雨仍然不断，淅淅沥沥，气温却升到20℃。在内地低海拔地区，20℃的气温很平常，可是在冰川区，0℃以上的气温就可以让冰川下游的冰舌发生消融了。次日天刚亮，天气变得晴朗了，气温稍有下降。上午8点，从东南方飘来一团乌云，太阳又躲进了云层的后边，两岸山坡上的树林又被蒙上了一层灰白的雨雾，随即空中又飘起了小雨。突然，培龙河变得异常安静，飞溅的白色浪花似乎失去了原动力，从河床中石坎的高处软软地溜到了石缝里变成了涓涓细流，整个河床突然间好像变成了一片干谷地。过了不久，河水流量开始增大，水中泥沙杂质含量由淡而浓，颜色由清而黄而乌黑，随后便是如凌空而降的数十米高的泥石流龙头，铺天盖地，汹涌澎湃。当流到钢架桥附近时，泥石流龙头却没有完全向桥孔冲去，而是顺着原来的旧河道咆哮着直接冲向帕隆藏布。钢架桥安然无恙，可是桥头的公路便道却被拦腰截断。泥石流龙头过后便是浑如浊汤的洪水，水势时大时小。一早从波密、通麦两个方向驶来的汽车只好陆续停靠在与江面几乎齐平的公路上，司机和旅客三五成群地来到河边查看水情。他们想等到洪水平息后，桥对面 104 道班的工人会开来推土机很快填平路面的，他们还要翻过色季拉山或者赶到林芝县城、八一镇呢！

车辆越停越多。

一些载人的大客车、北京吉普，还有几辆日本丰田越野车也相继开来，眼看着泥石流后期的洪水一时还难以消退，断路也难以修复，这些车辆的司机掉头便回。他们心中清楚，10 千米外的通麦有兵站、运输站，还有汽车驾驶学校、机械化公路工程队等，那里有吃有住，等路修通之后再过也不迟。人命关天，还是安全第一。

可是卡车司机的想法就不同了，尤其是从东面来的，空车的少，实车的多，不好走回头路。干脆就地生火，柴湿了有汽油，喷灯一吹，火苗呼呼直蹿，烧些茶水泡泡干粮，说不定等几小时就可以过去了。一些后来的车还见缝插针地往前靠。还有一些从康巴地区过来到拉萨拜佛转经的藏族同胞，更是只能西进千里，哪能东退半步？多年的游牧生活使他们随遇而安，既然走不了就停下来，山中有柴，沟里有水，牛毛口袋里有的是茶叶、盐巴、酥油和糌粑，找一个突出的岩石下能避风雨的地方，搬来三个石头支一个锅，能吃能喝能烤火。一时间，在卡车之间的空地上，炊烟袅袅，酥油飘香。

后续的车辆越来越多，在路面上排成了一条长长的车龙。龙头直抵培龙沟口，龙尾已到长青温泉附近。那些不了解情况的车辆仍在不断地开来……

下午三点，天空还是灰蒙蒙的，雨已经停歇。突然，一阵紧似一阵的轰鸣声从培龙沟的深处传来，天空在颤动，大地在颤动。说时迟，那时快，又一次泥石流高峰以五六十米高的龙头铺天盖地而来。抢险的工人、看水情的司机、煮茶的拜佛人下意识地拔腿便往后山奔逃。逃脱的人们喘息未定，再回头看去，那里已成了黄汤一般的混沌世界。钢架桥、桥两端的公路、公路上的汽车、刚升起的炊烟、来不及跑掉的人群、104 道班房，还有抢险用的推土机……统统被吞进了那片混沌世界之中，随着那声势浩大的泥石流龙头一齐被卷进了帕隆藏布。

夹带大批固体物质的泥石流龙头跃入江中，叠加到前两次堵塞的堤坝上，使原先的湖面又陡然抬高了十几米。堤坝下游的水流顿时变小，堤内的水势则向上游倒灌回流。

当泥石流龙头对沟口附近的汽车、人群、桥梁和 104 道班施行打击时，一些距离稍远的人们着实恐慌了，之前可以侥幸逃离或灾难可以避免的想法已荡然无存，只想快速逃离现场。除了两河汇合处，沟口的东边还有小路可以往山坡上逃。而沟口的西边一直到长青温泉附近五六千米的地域范围内，公路的一边是帕隆藏布，一边就是修路时开山放炮炸出来的陡崖，人们上山无路，只能顺着公路往上游方向奔跑。汽车一辆挨一辆，倒车、掉头根本不可能，前面的人拼命往后跑，后面的人想问个究竟，奔跑的人上气不接下气，哪有工夫解释和回答呢？有些人还想到前面去看看到底发生了什么事，一看上涨的河水已经漫上了公路，知道大事不好，也跟着奔跑的人流往回狂奔。还有的人看见水漫上了公路，竟往汽车上、树上爬，刚爬上去，心想还是危险，又赶忙跳下来，继续往后跑。有的司机舍不得丢下自己驾驶了多年走南闯北的汽车，赌气坐在驾驶室想与汽车共存亡，更有一些长途贩运的个体户，一车货物连同汽车那是好几十万，更是难分难舍，他们的同伴或出于义气的同路人不由分说，砸破玻璃，拖着他们下车就跑，一时间，哭天叫地之声不绝于耳。

长青温泉最终被湖水淹没。唯一让人得以识别的，就是那飘散在水面上的团团白雾。

湖面继续向上游扩大，水位不断上涨。淹没了公路，淹没了车轮，淹没了车踏板，有的汽车开始左右摇晃，有的已经向深水一边慢慢地滑动……人流继续狂奔着。突然有几辆汽车鸣着喇叭朝长青温泉方向开来，当发现狂奔的人流时慌忙刹车，掉头，然而逃难的人群占据了本来就不宽的车道。靠前的两辆车刚刚倒成和公路垂直的方向，换挡时又熄了火，靠后的几辆车总算摆脱了困境，奔跑的人们突然反应过来，齐刷刷地往车厢上爬。为了让更多的人能爬上汽车，几个力气大的藏族小伙子将车上的百货扔到车下。车厢上挤满了人，车头上爬满了人，车门上也站满了人，实在上不去的人只好哀求着向前伸着双手，一边叫喊着，一边继续向上游跌跌撞撞地奔跑……

水位越来越高，湖面越来越大。自104道班到通麦大桥的10千米急流如今变成了10千米长湖，培龙乡政府所在的三角洲和104道班阶地不是葬身水底就是被泥石流所毁，长青温泉恐怕很难再见天日了。培龙乡政府所在地将永远从地图上原来的位置上消失了。后来从兵站和运输站的停车、住宿登记中查证落实，约有一百辆汽车在这次灾害中被卷入水中。至于死了多少人，则无法统计。搭便车的、包车的、经商的、旅游的、拜佛的、看热闹的、老弱病残来不及逃出的；有从四川、云南来的，有从甘肃、青海来的；有从农区来的，有从牧区来的；有登记住宿的，有随遇而安的。据一位逃出来的人讲，他的同伴伸手去拾一个漂浮在水面上的皮包，不小心脚下一滑，被一个看起来很小的涌浪吸入水中，永远消失在了冰川泥石流造成的灾害中。

连续几次特大冰川泥石流之后，公路部门在更高的山坡上开出了一条10多千米长的便道。便道弯弯曲曲，路面狭窄，大雨过后泥浆飞溅，砾石毕露，给过路的车辆、行人造成许多隐患。但是"自古华山一条路"，在没有彻底改造川藏公路"盲肠"段之前，这条便道只能是唯一的选择。

1990年和1991年，我率队来到波密—林芝一带，先后对波密县米堆、古乡等灾害区进行了科学考察，还两次深入林芝县培龙沟上游的冰川地区进行调查、测量。终于查明了1983年培龙沟首次灾害正是由于暴雨雪诱发冰雪快速运动（包括雪崩的作用）而引起冰川末端冰碛湖泊的溃决，最后演变成震撼川藏公路几十年不遇的特大型冰川泥石流。正是在第一次灾害的形成孕育过程中，沟谷内沉睡了成千上万年的第四纪堆积物固有的平衡、稳定被破坏了，原来较密实的结构变得疏松了，赖以水土保持的植被也被破坏了，以至于次年、第三年雨季来临时，冰雪消融，两岸再次发生频繁的滑坡，滑坡体堵塞河道，积水到一定程度时再次溃决……于是形成了新的泥石流灾害！

自1985年之后，培龙沟内地质地貌过程明显趋于减弱。从灾害学观点看，一般泥石流的空间分布大致可分为发生区、流通区和堆积区。发生区又叫作泥石流的动力来源和物质来源区；流通区又叫作动力来源和物质来源的叠加区；堆积区除了物质的卸载之外还是能量的释放区。从地貌学观点看，无论是上游的发生区或中游的流通区，都可以叫作地貌过程的侵蚀区或负地形区，而堆积区又叫作正地形区。

近年来国家投资几十个亿，全面改造、整治川藏公路，重点则是那200余千米的"盲肠"段。其中"培龙沟要不要建设永久性的公路桥、桥位选在什么地方、跨度和高度设计的依据如何"等等，这些都是议而难决的棘手问题。也许有人会说：高度高一点，跨度大一点，不就可以让泥石流从桥下顺利通过了吗？问题是高度和跨度一旦增加，不仅建桥的工程费用将会大幅度提高，两头引桥的建设、一定范围之内的路基标高、坡度和弯道的要求都要进行多方位的调整和改变。工程技术人员肩上的责任重大啊！所有这些建设规划，都必须以科学的考察为依据。

在《川藏公路冰川灾害科学考察报告》中，研究人员根据地貌学考察研究后得出结论说："自 1985 年以来，培龙沟泥石流进入明显的减弱、平静时期，以侵蚀、切割为主的负地形作用特征由泥石流的发生区到流通区，进而延伸到泥石流的堆积区，这说明作为产生泥石流的物质来源已大为减少，即使有类似于 1983—1985 年发生特大型泥石流的动力条件，也不可能再次酿成相应的特大型泥石流灾害。……鉴于上述分析，培龙沟桥位的选择和设计标准可按该流域目前一般水文地质特征进行。"

提出上述结论至今，20 多年过去了。培龙冰川处于明显的退缩状况，许多滑塌处又长出了成片的次生林，堆积区的河道固定、顺直。看来，一个

发生在波密县城的冰川泥石流现场

新的平衡时期确实已经出现了。

过去的虽然过去了，但是亡羊之后必须补牢。实际上，类似的、潜在的甚至更大型的冰川泥石流灾害好像一颗颗重型定时炸弹，仍使千里川藏公路危机四伏。活跃的冰川、多发的地震、高悬的冰湖、丰富的第四纪松散堆积物、强烈的冰雪融水、丰沛的降水、人类活动的加剧等，在川藏公路的许多通过区构成了一个又一个的冰川灾害系统。一旦这个系统的平衡被打破，凶残的“豺狼”又将突入羊群。

当年修筑川藏公路时，我国冰川泥石流的研究尚属空白，那时公路的选线和桥涵的设计均未考虑到上述因素，所以在西藏东南部，每年发生的上百起冰川泥石流事件给川藏线上的交通运输带来极大危害，尤其是波密境内的米堆到林芝境内的培龙一带，更有川藏公路的“盲肠”之嫌。通过多次实地考察，我们已收集到大量可贵的第一手资料，并先后提出一些防治方案和工程措施，已引起有关部门的高度重视。

穿越大峡谷

CHUANYUE DAXIAGU

1998年，这是我第20次到西藏进行科学考察，也是我第14次到雅鲁藏布大峡谷考察。

本来中国科学院外事局要安排我去罗马尼亚参加一个国际学术研讨会，并且已经获得中、罗双方国家科学院的资助。这时我接到杨逸畴和高登义两位老朋友的电话，说要请我参加雅鲁藏布大峡谷徒步穿越科学探险考察，我当然十分看重这次难得的机会，于是毫不犹豫地选择了后者，决定再赴雅鲁藏布大峡谷“潇洒走一回”。

又到拉萨

1998年10月16日早晨，我陪同著名的地理地貌学家、雅鲁藏布大峡谷科学研究权威、世界第一大峡谷的第一发现者和主要论证者杨逸畴教授，从四川成都双流机场登上了西南航空公司飞往拉萨的班机。

杨教授是头一天从北京飞到成都的，因为他年纪较大，又有习惯性的高山反应，所以提出让我陪他先一步飞到拉萨。高登义也在电话中对我说：“张老弟，对不起，再次辛苦你啦。”

我和杨教授算得上是青藏高原研究的忘年之交了。早在20世纪70年代青藏队对青藏高原自然资源进行综合科学考察时，我们就在西藏多次谋面。1982 年，经施雅风先生推荐，我参加了由杨逸畴教授任队长的南迦巴瓦峰登山科学考察，一干就是三年。之后，围绕着南迦巴瓦峰、雅鲁藏布大峡谷，由杨教授牵头，又是出专著，又是出画册，还要写科普文章，杨教授每次都抓住我不放，我也不甘落后，每次都如杨教授所托按质按量地完成任务。

高山反应不算病，上了青藏高原休息几天就能适应，最多增加点氧气供应就能确保安全无虞。杨教授计划让我陪着他在拉萨先休息几天，等大队人马抵达拉萨时，就不会由于他的高山反应而影响整个队伍的行程。

一个半小时后，飞机飞临雅鲁藏布大峡谷上空。来往飞行于成都—拉

从空中鸟瞰雅鲁藏布大峡谷一带雪山冰川地貌

萨次数多了，加上自身专业使然，我对着飞机舷窗向外大致一望，便可判定哪儿是金沙江、澜沧江，哪儿是怒江，哪儿是雅鲁藏布大峡谷。

从高空鸟瞰，只见雅鲁藏布大峡谷地区云雾缭绕，雪峰连绵。一想到几天后就要亲临此地，深入神秘的无人区徒步穿行，心里那种责任感和自豪感便油然而生。

飞机平稳地降落在拉萨贡嘎机场。一辆桑塔纳出租车载着我和杨教授以及我们的考察行李奔驰在雅鲁藏布江岸的公路上。翠绿如染的江水在高原阳光的照耀下，闪动着耀眼的光斑，好像太阳投下的不是阳光而是洒下了无数敲碎的雪花般的银子。江心沙洲上一丛一丛的竹柳和高原杨树的树叶已变成了一色的金黄。杨教授正举着照相机，咔嚓咔嚓地对着窗外那美丽的风景拍个不停。有人说来到西藏，只要打开照相机的镜头，哪怕闭着眼睛随便按动快门也能捕捉到美丽的景色。

竹柳是我们对拉萨一带高原柳树的称呼。这种柳树据说是文成公主当年进藏时从长安带到西藏的。由于长年受高原丰富的太阳辐射的影响，经过多年的进化演替，树叶变得又长又宽，好像内地的竹叶一样，于是便被称为“竹柳”了。

当天中午，我们住进了拉萨市的喜马拉雅饭店。这是西藏登山协会开设的三星级饭店，专门接待国内外登山探险、科学考察的团队和个人。

杨教授在饭店里睡了两夜一天，吸了五袋氧气，除了水果和茶水外，什么也没吃。事后我对他说：“你知道什么叫自讨苦吃吗？”杨教授笑了笑对我说：“张老弟，谁让我们热爱科学、热爱西藏、热爱雅鲁藏布大峡谷呢！”

神奇的大峡谷

细心的读者也许会注意到，在 1998 年 10 月中旬以前的报纸杂志上，凡是撰写世界第一大峡谷——雅鲁藏布大峡谷的文章中，都将峡谷之名写成“雅鲁藏布江大峡谷”。在那之后，准确地说从10月18日起就变成了“雅鲁藏布大峡谷”。一字之差，大不一样。因为藏语中“藏布”本意就是“大江”“大河”之义，故删掉“江”字更科学。在一批科学家的提议下，以西藏自治区人民政府的名义向国务院提出申请，国家民政局、全国地名小组通过认真审核后，终于在1998年10月18日，即在徒步穿越雅鲁藏布大峡谷科学探险考察队大队人马离京出发的前一天，正式通过新华通讯社、中央人民广播电台和中央电视台向全国、全世界宣布，这一世界大峡谷被定名为“雅鲁藏布大峡谷”，并被认定为“世界第一大峡谷”。

作为世界之最，雅鲁藏布大峡谷从最初考察、发现和论证，经历了一代科学家孜孜不倦的辛勤劳动。在1973—1976年，由孙鸿烈院士领导的青藏队，就对雅鲁藏布大峡谷进行过多学科的科学考察（我也是这支科考队的成员之一），对其独特的自然地理环境、丰富的自然资源以及神奇的大地构

1998年作者在雅鲁藏布大峡谷

造形态——马蹄形大拐弯给予密切关注，对大峡谷一系列地质地理特征，冰川类型、数量以及古地貌环境的演变，生物多样性的结构与规律，甚至包括水汽大通道与大峡谷地形相匹配的“舌状多雨带”进行过定性、定量的描述和论证。

加拉白垒峰（海拔 7294 米）

1982—1984 年南迦巴瓦峰登山科学考察中，在杨逸畴和高登义为正、副队长的领导下，一些专业的研究人员已经意识到大峡谷在科学研究领域中的国际地位了。这次考察我也参加了。1984 年 3 月，在广州召开的中国科学院横断山和南迦巴瓦峰科学考察学术交流联席会议上，我在发言中第一次明确提出了雅鲁藏布大峡谷是世界上最深邃、最雄伟的大峡谷的概念。在 1985 年由科学出版社出版的《南迦巴瓦峰地区自然地理与自然资源》一书中，我首次明确论述道：“加拉白垒峰（海拔为 7294 米），又称比鲁峰，当地人称加拉泽东。它位于雅鲁藏布大峡弯北岸，与南峰（即南迦巴瓦峰，海拔 7782 米）隔江相望，雅鲁藏布

南迦巴瓦峰（海拔 7782 米）

江在它们之间经过时形成了世界上最深邃、最雄伟的大峡谷……”当然，这种描述仅仅是一种科学研究的自然推论，并不能说自己就是世界第一大峡谷的发现人，只可以说，在世界第一大峡谷发现的科学研究进程中，我的的确确是一位参与者和见证者，起过添砖加瓦的作用。

20 世纪 90 年代初，地理地貌学家杨逸畴等人在赴台湾讲学时，再次论及雅鲁藏布大峡谷的若干地貌特征，比如最深处达到 5382 米，比当时被称为世界第一峡谷的秘鲁科尔卡大峡谷（深 3203 米）和美国的科罗拉多大峡谷（深 2133 米）要深邃得多。台湾同行从杨教授的报告中知道世界最大的峡谷就在西藏境内，建议他要把握新闻宣传的时效性。杨教授一行回来后向新闻界朋友传递了这些信息，再经过杨逸畴、高登义等人的精心计算和论证，雅鲁藏布大峡谷从米林县的派镇大渡卡村入口（海拔 3000 米）开始，到下游墨脱县的巴昔卡村（海拔仅为 155 米），全长为 496.3 千米，最深处的相对高差为 5382 米。在峡谷进入湍急的核心河段后，横截面呈 V 字形的峡谷，相对深度都在 5000 米上下。河段宽度多为 200 米，最窄处出现在大峡谷顶端枯水期的扎曲村，只有 78 米，该处枯水期的流速仅为每秒 16 米。大峡谷附近的格嘎村年平均流量为每秒 2000 立方米，出口巴昔卡村年平均流量高达每秒 5300 立方米，峡谷段年平均水流量为每秒 3000 立方米。

于是，就有了 1994 年 4 月 17 日新华社记者张继民撰写的通讯稿：“壮美的祖国河山又被中国科学家确认了一项新的世界之最：深达 5382 米的雅鲁藏布江大峡谷是世界上最深的峡谷……”由于杨逸畴教授和高登义教授是南迦巴瓦峰科学考察队正、副队长，任何成果都是以队长为首的团队集体成果。再说，作为地理地貌学家的杨逸畴，不仅是论证雅鲁藏布大峡谷是地球上最深最长大峡谷的第一人，也是中国雅鲁藏布大峡谷科学考察和科学研究不可替代的首席科学家。早在 1973 年杨逸畴和关志华等科学家就深入大峡谷上半段的派区到白马格雄段，这是中国科学家第一次尝试进入大峡谷无人区的科学考察，但是距离徒步穿越大峡谷全程仍然有很长的路要走。之后，又有一些青藏高原考察队的相关专业人员也陆陆续续到过大峡谷的入口或者出口，可是大峡谷 100 多千米的无人区究竟还有多少不为人知的秘密，还需要勇敢者们深入其间，去揭开它神秘的面纱。

事实上，包括我在内的许多参加南迦巴瓦峰和雅鲁藏布大峡谷地区考察的科学研究人员都是在杨逸畴、高登义等人的领导下工作的，因此，对杨逸畴、高登义、李渤生在刘东生院士的支持、指导下，论证了世界第一大峡谷的各项地理特征指标后，将他们称为世界第一大峡谷的发现者，我们都非常高兴。毕竟，由中国科学家改写世界地理教科书、百科全书的这一重大研究成果，正式由新华社首次向全世界宣布了。现在雅鲁藏布大峡谷已经成为世界级的科学考察、科学探险、教学实践的热点地区，更是我国顶级的旅游胜地。

科学研究无止境。1998 年 10 月，在中国科学探险协会组织人类首次徒步穿越雅鲁藏布大峡谷的科学考察活动中，经过中国国家测绘局派出的测绘专家组通过卫星定位系统和三角网实测后计算得知，有关雅鲁藏布大峡谷的某些数据得到了更新。从米林县派镇大渡卡村入口到墨脱县巴昔卡村出口，全长为 504.6 千米。峡谷最深处的相对深度为 6009 米，单侧峡谷最深为 7057 米，在 504.6 千米范围内峡谷平均深度为 2268 米，核心段 100 千米内的峡谷平均深度为 2673 米。江面最窄的地方只有 35 米宽，峡谷江面坡度达到 75.35‰（即江面长度为 1000 米时落差为 75.35 米），无论地貌学家还是水利学家一致认为，这应该是世界河流峡谷之最了。

后来，一些科学探险家在自己的文章和著作中，除了将雅鲁藏布大峡谷称为地球上最长最深的峡谷外，还将其定位为世界的“深极”或者“低极”，将它与地球的南极、北极和青藏高原（“高极”）一起并称为“地球的四极”。

从传统地理科学而言，地球只有南极和北极。不过从地貌学而言，青

当年的派区建筑（1982年）

现在的派镇新貌

游客如织的派镇大峡谷接待中心

藏高原也可以被看作是地球的第三极，也就是所谓的“高极”。如果一定要将雅鲁藏布大峡谷说成是地球上最长最深的大峡谷甚至是“深极”，那就有必要在它的前面加上一个地域限定概念：世界陆地上最深最长的峡谷，或者世界陆地上的“深极”。原因很简单，因为地球上真正最深的谷地应该是位于菲律宾东北太平洋海域中马里亚纳群岛附近的马里亚纳海沟，它的深度为11034米，海沟延伸距离达2550千米。马里亚纳海沟不仅是地球的“深极”，也是地球真正的“低极”。仅就地球陆地上最低的地方而言，应该是约旦境内的死海。死海位于东非大裂谷的北延部分，夹在裂谷两岸平行的断层之间，长80千米，宽约18千米，面积达1020平方千米。死海分两部分，主湖湖面海拔为–415米。众所周知，中国也有一个真正的“低极”，那就是新疆吐鲁番的艾丁湖，它的湖面海拔为–154米。

沧海桑田，世事轮回，无论南极的冰盖、北极的海冰，还是青藏高原的海拔高度，随着时间的迁移，每时每刻都在发生着变化。

那么，作为世界上陆地最深最长的雅鲁藏布大峡谷也不例外，从它形成的那一天起，每天都在改变着自己的容貌。巨大的落差、水流的冲刷、冰川的侵蚀、植被的生物风化、强烈的新构造，加上人类的活动……这些都是促使大峡谷发生改变的有力因素。

2011 年，在大峡谷入口以上的派镇到米林县等地附近的河谷中，有关部门的科学技术人员，通过地质钻探等方法，发现河床以下 400 多米都是由松散的第四纪堆积物所填充，换句话说，在数千年或者若干万年之前，雅鲁藏布江在这一带的谷地比目前要深 400 多米！后来，也许由于地壳的下沉，也许因为冰川的大规模融化后退，以及从上游带来的大量泥沙滞留淤积，这一带的深谷被填埋起来了。

从地质学角度而言，一旦山体因为地质构造被抬升，河流就会相应地下切掏深；如果山体发生下沉构造，那么谷地就容易被风化物质所填充。如果气候持续变暖，冰川发生强烈的消融后退，被冰川融水带来的丰富的冰碛物加上上游的冲刷物质，也会将原来的河床谷地甚至湖泊填充起来。

如此看来，假如退回到数千年或者若干万年前的某个地质历史时期，大峡谷的长度、深度远非目前的模样，应该有所延长和增加才对。

临危受命

1998 年 10 月 15 日上午，举世瞩目的中国雅鲁藏布大峡谷徒步穿越科学探险考察队在北京举行新闻发布会，向全世界宣布，由中国科学家为主体组成的雅鲁藏布大峡谷人类首次徒步穿越科学考察队整装待发，即将离京出征。中央电视台记者报道说，在总队长、大气物理学家高登义教授的率领下，

作者和李渤生（右）在布达拉宫广场

植物学家李渤生带领的一分队和水文学家关志华带领的二分队，将分段完成人类历史上首次对世界最大峡谷的徒步穿越任务。著名地理地貌学家杨逸畴和一些后勤保障人员留守大本营为三分队，就近在大本营和大峡谷外围地区进行地貌、生态环境方面的科学考察。

作为此次科学探险考察活动的唯一京外科研骨干成员，高登义和杨逸畴通知我，就在中国科学院成都山地灾害与环境研究所待命，准备先期陪同杨逸畴前往拉萨适应高山反应，而未能参加这次重要的新闻发布会。

正当北京的同行们紧锣密鼓地进行出发前的准备工作时，杨逸畴 10 月 15 日参加完北京的新闻发布会后先飞到成都，在我的陪同下，于 10 月 16 日一早飞往拉萨。

加上我和杨逸畴，以及西藏自治区登山协会派来协助的登山队员，当时在编的正式队员为 54 人。实际上，后来的队员人数变成了 56 人，因为有两名女记者是自作主张追着考察队来的。

一名是《珠海特区报》的记者李丹，另外一名是上海《文汇报》的记者顾军。她们都是从中央电视台的新闻节目中知道消息后，在征得单位领导同意和支持后，一路打探考察队的行程，自费追来的编外队员。李丹是在成都追上考察队的，顾军则是在我们已经到达林芝后才和考察队联系上的。她们两人在随后的科学探险考察中表现极佳，急行军，过激流，走滑坡，翻越泥石流险滩，没有输给男队员，而且还及时地发出去不少精彩的报道文章。

参加此次徒步穿越的其他队员在总队长高登义教授的带领下陆续到达拉萨。经过适当休整后，全体队员分乘两辆大轿车于10月23日离开拉萨向八一镇进发。由于沿途扩建、铺设柏油路，尽管早晚两头摸黑，从拉萨到八一镇的400千米路程，我们走了整整两天。

翻过海拔5300米的米拉山口，便进入尼洋河流域。尼洋河发源于念青唐古拉山，流经工布江达县和林芝县，在米林县的羌纳镇与雅鲁藏布江汇合。沿大峡谷通道北上西进的印度洋湿润气流滋养着尼洋河两岸的植被，山坡上的森林一年四季郁郁葱葱，青翠如染，河流阶地上的民居、工厂、机关、学校无不建在自然天成的原始森林中，与米拉山口西边的拉萨河谷自然景观形成了鲜明的对照。这里海拔不算太高，气候温和湿润，是西藏粮油作物的主要产区，也是西藏少有的山清水秀的地方，是“西藏江南”的主要

美丽的尼洋河流域

组成部分。

途中因修路时不时地绕道而行，汽车走得很慢。第一次来西藏的年轻人尤其是新闻记者们，总希望老同志多给他们讲一些以前考察中的见闻趣事，好打发途中的时光，同时从中还能捕捉一些有价值的新闻信息。不少记者都带有便携式海事卫星电话，稿子写好后随时通过电话或传真发送，虽相隔数千里，但第二天即可见报。在当时，手机和手提电脑还是稀有之物，网络覆盖尚难以到达大峡谷这样的边远地区，所以海事卫星电话应该是最快捷的信息传输方式了。

当我们考察队抵达八一镇后，林芝行署有关方面告诉我们，前往培龙乡的公路塌方，近期恐怕难以通行。

按原定的行动方案，一分队和大本营（即三分队）将乘汽车沿川藏公路向东直奔培龙乡，然后步行两三天抵达大拐弯顶端的门中村和扎曲村建立大本营。到达大本营后，一分队将兵分两路从门中村出发沿江而上：一部分人员在一分队队长李渤生带领下沿江边实施徒步穿行，另一部分人员委托张文敬以老队员和科学家的身份，带领大家从江岸高处向上游翻山并列跟进。二分队由队长关志华率领，将从林芝渡口乘船摆渡过雅鲁藏布江抵达派区后，翻过多雄拉山口，步行进入墨脱县背崩乡，下行至西让村后再回头逆江而上。如果不出意外，一、二分队和大本营的三分队最终将会师在扎曲村附近的扎曲铁索吊桥上。

可是，计划赶不上变化。

高登义队长召集包括我在内的一些多次来过大峡谷考察的老队员，开会讨论培龙路断的应变措施，最后决定全体队员渡江先到米林县的派区。那里除了派区政府外，还有某边防部队和墨脱县的转运站，地方宽敞，空房子多，以前多次考察都曾在那里建立过考察大本营，而且那里正是大峡谷入口，还有许多考察工作需要做。

关志华率领的二分队的行动计划没有变化，可是一分队既然来到派区，何不就从派区直接沿江向下实施徒步穿越呢？再说从地图上分析，雅鲁藏布江南岸地形地势比北岸略为宽阔平缓，而且从派区到白马格雄段还有间断的小道可寻，从白马格雄到扎曲约30千米的无人区虽然存在穿越困难，但从植被分布的连续性分析，这种困难也是可以克服的。可是一分队队长李渤生对计划的整体改变一时难以适应。“老兄得拉我一把。”他半开玩笑半认真地多次这么对我说。我说：“没问题，我这个人好说话，咱们又是多年的老朋友，无论青藏高原自然资源综合科学考察，还是南迦巴瓦峰登山科学考察，我们都是队友，还是同年大学毕业，更应该同舟共济，患难与共，你要我做啥我就做啥。”他说除了考察任务外，请我协助他管管队伍的行政后勤，还把一大包民工经费交给我。我说：“老李，钱我不管，但事情我帮忙，你放心。”于是临时采购食品、装备等等事情，都由我来统筹安排。好在几个年轻人经过从拉萨到八一镇的交流接触，关系都十分融洽，他们都说：“张老师，你不用动手，打个招呼就是，一切杂事都让我们来干。”果然，只半天工夫我开出的增补物资的清单上全都打上了钩，该买该备的东西全部到位，并捆包装车，只等到了派区送走二分队，就跟着分队长李渤生出发，实现大家渴望已久的穿越世界第一大峡谷的壮举。

谁能料到，情况又发生了变化。本来李渤生觉得计划变更，思想准备不足，队伍人员太多，新定路线太长，长途奔波，民工的保障、物资的供应、伤员的救治等一系列问题不好解决，于是要求减员分流。可是分谁减谁呢？队员个个身强体壮，每个人都有自己的梦想，既然已到了大峡谷的入口处，就像搭在弓弦上的箭，哪有收回的道理呢？我们这些老同志还好，说冲就上，说撤就下，而金辉、小牟、小汤、小周、小徐、祥子、多穷、晋美、红军等人，哪个不想亲临大峡谷无人区腹地一试身手呢！

抵达派区的第三天黄昏，高登义和杨逸畴分头找到我，说想请我“出山”，让我带领被分流的队员组成特别分队先随大本营行动，等送走一分队后估计川藏公路的塌方也抢修好了，那时出发去培龙，再徒步去门中，实施原定计划中的上行（逆江而行，在北岸）穿越。万一一分队从对岸下行（沿江而下，在南岸）穿越受阻后，由新成立的分队与一分队隔岸对接，将有利于整体计划的完成。要是一分队和我们分队都顺利完成这一段的穿越，那么对接穿越将成为对穿，这将为此次科学探险增加许多新内容，虽然难度增大了，但科学探险的意义却更大。作为一名长期从事青藏高原野外科学探险考察的老同志，此时唯一的选择就是同意。我说近来左腿有些发凉发麻，万一中途出问题怎么办？老高说他将随新成立的分队行动；被分流出来的作家金辉自告奋勇地说他会气功，早一次晚一次，准保你无虞；中央新闻电影制片厂的记者白坤义在北京卫戍区待过好多年，自诩有硬功，他说："张老哥，你若能带我们去大峡谷无人区，我和小金担保你健步如飞、万无一失。"其实我知道，无论气功还是硬功，实际上就是按摩推拿。中央电视台派出的女记者牟正蓬也是被分流的人员，她在对我进行了有关大峡谷大瀑布的采访后建议说："张老师领导的分队可能最早见到无人区雅鲁藏布江上的大瀑布，不妨就叫瀑布分队吧。"老高头一点说："对！就叫瀑布分队！"

作者和作家金辉（右）

为了保证任务的胜利完成，我提议金辉担任瀑布分队的副队长。于是在特殊环境特殊情况下，雅鲁藏布大峡谷徒步穿越科学探险考察队瀑布分队应运而生，队员除了从原一分队分流出来的外，还有大本营的部分成员——几位原定留守在大本

瀑布分队全体队员合影（缺金辉和徐进）

营的队员纷纷要求编入瀑布分队，请示老高后，我同意了他们的要求。

新成立的瀑布分队共计 17 人。

张文敬：队长。中国科学院成都山地研究所研究员、中国科学院中国生态网络系统贡嘎山站副站长、中国青藏高原研究会常务理事、中国科学探险协会常务理事。

金辉：副队长。北京军区政治部创作室作家。

高登义：总队长。中国科学探险协会常务副主席、中国科学院北京大气物理研究所研究员，随瀑布分队行动。

牟正蓬（女）：中央电视台记者。

周立波：中国科学院北京大气物理研究所博士研究生。

汤海帆：《北京青年报》记者。

多穷（藏族）：新华社西藏分社记者。

晋美（藏族）：西藏电视台记者。

白坤义：中央新闻电影制片厂记者。

凌风：民族画报社记者。

徐进：中央电视台记者。

祥祖军：中央电视台记者。

王红军：中央电视台记者。

马挥：中央电视台记者。

丹增（藏族）：西藏登山协会登山队员，国家级健将。

加措（藏族）：西藏登山协会登山队员，国家级健将。

徐军：赞助公司派出人员。

翻越色季拉山

为了实施瀑布分队的徒步穿越计划，一接到川藏公路塌方抢修竣工的消息，我们随即离开派区转运站，原路返回八一镇，经过一天的休整、补充后，便驱车前往培龙乡。

从八一镇向东 20 千米就到了林芝县城（现属林芝市巴宜区林芝镇），出县城两三千米后，汽车驶向了通往色季拉山的盘山公路。公路两旁树木参天，我们进入了原始森林区。林芝地区是西藏的主要林业产区，是我国三大原始森林区之一。

历史上，林芝地区的原始森林面积比现在大得多，我们参观的林芝巨柏保护区就是最明显的证据。

林芝巨柏保护区位于林芝县西约 10 千米处，面积约 87 公顷，位于川藏公路北侧一个向阳的古冰水湖相沉积台地上。林芝巨柏又称雅鲁藏布江柏木，被当地藏族同胞奉为神树。林芝巨柏是国家珍稀二级保护树种，也是西藏自治区特有的树种之一。巨柏平均高 40 米，平均胸径 1 米多。最大的一棵号称“巨柏王”，树高为50米，胸径5.8米，树龄在2000年以上。这样的巨柏在林芝其他地方以及附近的米林、加查等县也有零星分布。一位专门研究巨柏保护的专家朋友告诉我，历史上的巨柏林都是连片生长的，面积比现在要

林芝巨柏

大数千倍，后来气候的变化，青藏高原的抬升，使得这片广袤的巨柏森林面积越来越小，以致与林芝地区现存的原始森林相脱离。

就树木单体而言，林芝巨柏堪称中国柏树之最，是研究生物物种演替与气候环境变化的活化石，也是科研、教学的理想场地。自1982年经专家建议并得到西藏自治区人民政府的批准成立自然保护区以来，林芝巨柏林得到了科学的保护。

汽车在之字形的川藏公路上继续向上盘行，透过窗户，只见林间积雪斑斑，不时可见成群的藏马鸡蹒跚地在雪地上寻觅食物，灰棕色的小松鼠弓着毛茸茸的大尾巴在冷杉树的横枝上跳来跳去，林间的阳光大概因为潮湿水汽的散射，显得格外柔和。

距培龙乡政府还有30千米的地方，果然有一处刚修好的塌方痕迹。塌方虽然排除了，其他卡车、小车都能过，唯独我们乘坐的两辆大轿车车身太长，轮距太宽，驾驶员试了好几次就是过不去。主管后勤的王维、陶宝祥和总队长高登义教授商量后，决定轿车返回林芝待命，卡车拉着行李先去培龙乡政府，其余的人下车等返回的卡车来接。好在路过鲁朗乡时一人吃了一大

碗鸡蛋面条，挨到天黑没问题。我们就在东久河岸阶地上原地休息。东久河是帕隆藏布的一条支流，发源于加拉白垒峰西坡的冰川。

中午在鲁朗吃饭时，我趁机去那里的一个邮局加盖了峡谷纪念封邮戳。来自香港特别行政区的李乐诗女士说鲁朗的景色极像北欧瑞士一带，白白的雪峰，茂密的森林，地毯般的草地，三三两两的木板房零星散布在从草坡上穿流而过的小溪旁，溪水又清又凉，小溪上的水磨、木桥，加上小溪中的野鸭，简直是一幅鲜活的山水画。我们都叫她阿乐。阿乐喜欢画画，没事就掏出画本画素描。阿乐说就在这里建一座乡间小木屋，对着鲁朗的山水写生作画，那该多么有趣啊！李乐诗对祖国的一草一木、山山水水充满着无限的爱恋之情。

等到我们乘着卡车驶进培龙乡政府大院时，已经是晚上九点多了。乡政府是 1985 年培龙泥石流灾害发生后从培龙沟迁移至此的。我们被分散安排在镇上一些门巴族和藏族同胞的家中住宿，但晚饭却集中在一家四川人开

迷人的鲁朗风光

的小饭馆里。

作者和著名探险家李乐诗（左）在考察中

老板娘是一个典型的四川农村媳妇，麻利中不乏泼辣。她是随丈夫来到这深山中开了一家兼营住宿的小饭馆。货架上的小食品、小杂货一是贵，二是贵得没个价，一包花生米在八一镇、林芝县城也就块儿八毛钱，她开口就是12元。在点菜时，厨房地上摆着的明明是国家保护动物藏马鸡，但她却说藏马鸡没听说过，只知道这是门巴猎人经常打来卖给镇上餐馆的“野鸡”，过往司机、客人都说这“野鸡”肉好香，所以价钱就收得高，按只论价，大的70元一只，小的50元一只。我们告诉她这是藏马鸡，是国家二级保护动物。我们当然不能吃，一群有志于生态环境保护的科学家，还有那么多新闻媒体的记者，阿乐更是一位世界级的环保名人，给这个文化程度并不高的川菜馆老板娘讲了很多自然保护的科学道理，临走时老板娘却甩给我们一句：“老百姓打来不让卖，烂了多可惜哟。”

后来在徒步穿越大峡谷途中，一些带枪的门巴民工不仅猎杀藏马鸡，还猎杀羚羊、香獐……虽然当时听从我们的劝告，放弃了猎杀行为。但常年捕杀野生动物的现象，随着大峡谷无人区的揭秘估计将有加剧蔓延之势。如何高起点、高投入地科学保护大峡谷自然生态环境，如何实施大峡谷地区可持续发展战略，不仅是科学家们的责任和义务，而且是各级政府亟待关注的大问题。比如普及地方教育，加强宣传力度，注重科学规划等。旅游开发一定要先抓科学保护，否则将会竭泽而渔，到头来尝尽苦果的将是我们人类自己。

帕隆藏布大峡谷

培龙是林芝县的一个门巴族乡，居民以门巴族为主，也有少量珞巴族在这里生活。2000 年 4 月，帕隆藏布上游的易贡藏布发生了特大型冰川泥石流，溃决的易贡湖洪水将帕隆藏布流域通麦—门中村一线的所有吊桥一扫而光，并且将沿江小路以及两岸的森林植被尽数摧毁。为了帮助当地少数民族尽快脱贫致富，便于就学就医，彻底摆脱长期封闭的刀耕火种式的大山生活，西藏自治区政府决定将培龙乡整体搬迁到各方面条件都比较优越的林芝县与工布江达县之间的尼洋河畔，由政府出资，为搬迁的人们修房修路，专门规划出山林和土地，配发农耕机具，派出技术人员，引导他们从原始的刀耕火种的农耕生产方式转变为现代农业和市场经济方式。新的门巴乡有医院，有学校，有商店，家家户户通水、通电、通电话，年轻人几乎都有手机。此是后话。

川藏公路从培龙镇中间穿过。改革开放以来，这个山间小镇也活跃起来，山上的门巴人走出家门，来到小镇上盖起了房屋，开起了店铺。十几年前来这里考察时，听说门巴小孩上小学要走到几十千米外的东久区或者上百千米外的林芝县城。如今培龙乡希望小学颇具规模，晚上九点多，学生们还在上自习；早上六点半，起床铃一响，操场上便站满了做早操的学生。学生们都住校，集体用餐。虽然条件有些简陋，但对于分散在大峡谷深处边远山区的门巴人来说，这已经是很大的进步了。阿乐从香港带来了几大箱巧克力，在我们到达培龙的第二天，趁着课间操的时候，阿乐叫上我、高登义、杨教授

移民搬迁后的门巴新村

和老陶等，将巧克力送给排好队的小学生们。巧克力像个大鸡蛋，每个足有三两重。学生们接过阿乐的巧克力，稚气的脸上露出感激的笑容。阿乐鼓励他们好好学习，小学毕业后走出培龙，走出大峡谷，到外面去上中学、上大学，长大了回来为建设家乡服务。

到了培龙就算进入大峡谷区域了。

从培龙镇顺川藏公路往下不到1000米，过一座吊桥，沿东久河东岸再往下2000米就进入帕隆藏布大峡谷了。

世界上大江大河的发育都有一定的规律，干流和支流像一片树叶的叶脉似的，大致方向都一样，都是呈锐角形态与主流相交的。可是雅鲁藏布江，大的支流除了尼洋河之外，年楚河、拉萨河、帕隆藏布都是以大于90° 角表现为相反的方向汇入雅鲁藏布江主流的。有的地理学家甚至怀疑雅鲁藏布江若干万年以前是一条从东向西流的高原大河，后来由于地壳的差异运动使其变成了由西向东的奇怪的水系格局。东久河也是以大角度反方向汇入帕隆

作者和杨逸畴（左）在大峡谷考察

作者和记者李丹（左）在帕隆藏布大峡谷

藏布主流河谷的。

帕隆藏布水流如喷如射，刀削般的江岸石壁直插天穹。一条通向大峡谷无人区的羊肠小路，与一些贴壁的栈道和凌空飞架的铁索吊桥相连接，偶尔还有狭窄的山路通向陡壁的高处。那上面在远古的地质历史时期，由于山体的间断式隆升，形成了多级台地，在台地上散落着一些门巴族和珞巴族村寨。难以想象，这些门巴族和珞巴族同胞以前是如何走出大山对外交流的。如今，政府投入大量物力财力，在帕隆藏布江面上架设了十来座铁索吊桥。按当地人的话说，有了这些桥好像给他们增添了一双翅膀，展翅一飞，便可以飞到山外，看到外面那五彩缤纷的世界。现在他们不愁穿衣，不愁吃盐，基本上达到了温饱，孩子们也不愁上学了。以前买烟买酒要绕山绕水多走几十倍的路程，如今下山过桥半天就能到培龙，就能坐汽车去林芝，去八一镇，去拉萨，十分方便。

大量的新闻报道将人们的注意力都吸引到了雅鲁藏布大峡谷，其实，与之相连的帕隆藏布大峡谷的险峻、奇特，并不亚于雅鲁藏布大峡谷。

我曾想用长江的大三峡和大宁河流域的小三峡来比喻雅鲁藏布大峡谷和帕隆藏布大峡谷，但感觉不妥，因为帕隆藏布两岸山脉海拔多高达 5000 米以上，江面海拔多在 2000 米以下，垂直高差达 3000 多米。单从深度看，也超过了美国科罗拉多大峡谷。比帕隆藏布大峡谷还要小的科罗拉多曾一度被称作世界大峡谷，那么称帕隆藏布为小峡谷，未免也太谦虚了吧。

帕隆藏布大峡谷

当我回到成都后，在《山地学报》上发表了两篇研究论文，其中一篇就是《青藏高原考察新发现——帕隆藏布大峡谷》。下面就是这篇论文的详细摘要：

通过多年的考察和室内科学论证，发现、认定在雅鲁藏布大峡谷顶端的帕隆藏布峡谷也是一条堪称世界级的大峡谷。

就深度而言，帕隆藏布峡谷仅次于尼泊尔境内的喀利根德格大峡谷（最深为 4403 米），名列世界第三，

帕隆藏布上的“握桥”

帕隆藏布上的百米吊桥

它深于秘鲁的科尔卡大峡谷（深 3203 米）和美国的科罗拉多大峡谷（深 2133 米）。

帕隆藏布主要由两条二级支流汇合而成，由于受念青唐古拉山系东西走向大断裂构造的严格控制，其西北向支流易贡藏布和东南向支流帕隆藏布（与一级支流同名，有的地形图上也标为迫龙藏布）几乎成一条直线相交于通麦，然后向西南折去，在培龙乡附近与东久河汇流后转向东南，最后在门中村和扎曲村之间汇入雅鲁藏布江。

帕隆藏布大峡谷无论其上源支峡或主峡，其形态都十分典型、完整，江峡陡峻，许多地段的深变质花岗片麻岩几近垂直。谷内江水湍急，险滩比比皆是，瀑布随处可见。因处在雅鲁藏布大峡谷北上水汽的通道上，峡谷内原始森林密布，自然景观十分迷人。

世界级的大峡谷最大深度的计算方法，都是采用对峙于两岸最高峰的平均海拔高与同一断面经过的江面海拔之差来作为该峡谷的最大深度。

利用这一方法，以帕隆藏布大峡谷下流段西南岸的加拉白垒峰（海拔7294 米）和扎曲后山（海拔 5307 米）做过江断面，该处江面海拔为 1700米，计算结果是此断面峡谷深度达 4600.5 米。若以此为据，帕隆藏布大峡谷甚至超过了尼泊尔的喀利根德格大峡谷，仅次于雅鲁藏布大峡谷而名列世界第二大峡谷。但考虑到上述两峰之间的海拔高度相差偏大，于是又分别在帕隆藏布的中流段和上流段的易贡藏布之易贡湖出口，以及帕隆藏布之古乡冰川泥石流堵塞湖出口做了三个过江断面，其深度分别为 4001 米、3397 米和 3271 米。因此，无论取其下流段、中流段和上流段的过江峡谷断面，其深度均超过秘鲁科尔卡大峡谷和美国的科罗拉多大峡谷。若以易贡湖出口算起，那么帕隆藏布大峡谷足有 50 千米长；若以古乡冰川泥石流堵塞湖出口算起，帕隆藏布大峡谷则有 76 千米长。

总之，作为世界大峡谷，无论在自然环境、资源配置、开发利用等方面都具有十分重大的意义。将它与雅鲁藏布大峡谷作为一个完整的区域性自然地理系统考虑，更具有地球上任何峡谷都无法取代的科学意义和地貌景观意义。

虽然已是深秋初冬的季节，可是帕隆藏布大峡谷里仍然温暖如春，知了的鸣叫此起彼伏，五彩的蝴蝶在绽放的山花中翻飞着。路边的岩石上，突然蹿出几条麻色四脚蛇，初来此地的年轻人吓得大声惊叫。我告诉他们别怕，这些小家伙不会伤害人。

帕隆藏布大峡谷的四脚蛇

大峡谷地区的四脚蛇足有尺把长，形似缩小了的恐龙，偶尔会发出“果嘎、果嘎”的叫声，所以当地人以声取名，给这些小动物取名“果嘎”。果嘎们喜欢成双成对地在草间裸露的岩石上寻觅食物或晒太阳。据藏医学记载，要是能捕捉一对雌雄果嘎入药的话，对关节炎、腰椎劳损等疾病有极其奇特的疗效。

山路的崎岖并未影响大家欣赏峡谷美景的情趣，江壁的陡峻也不影响森林的生长。许多植物在内地都不曾见过，有的似曾相识，但形态大异。比如说大家都十分熟悉的荨麻，在内地是草，在帕隆藏布谷地却变成了树，是有干有枝有叶的树。我这么说还有人不信，以手相试，果然钻心地疼。民工们见状不解地大笑。在成片的大乔木上，甚至一些芭蕉上也“结”着串串红果，小牟问民工那是啥，民工们说那叫“哈达杜”，是一种藤本植物的果实，藤蔓攀缠在乔木或者芭蕉上，秋天藤枯果红，看上去好像是乔木和芭蕉上长

帕隆藏布大峡谷的冰川雨林

的果实。哈达杜是一种什么植物，我最终也没弄清楚。它比西红柿大，比西红柿红，民工说千万不能吃，摘下一个剥开一看，尽是黑籽。

奇特的哈达杜

空气十分潮湿，虽然走得大汗淋漓，倒也不觉得太渴。头天晚上金辉和老白为我发了一通“功”，今天走起路来脚下生风。说是“发功”，其实就是对准穴位的推拿按摩。小汤说：“张老师别走在前头，我们跟不上。”我让金辉走在前头，可是小金却说我走山路有经验，步伐适度有节奏，跟着不吃力。

生长在大峡谷的芭蕉

下午5点左右，我们来到玉梅河滩地，登山家丹增、加措已经先到一步，搭起了帐篷，燃起了篝火，这里就是今晚的宿营地。河滩上有不少水打柴，说是柴，其实是从上游冲下来的大山树。河滩的那头有几处新月形静水湖，湖上飘着氤氲的热气，原来这就是有名的玉梅温泉。先到的丹增、加措已洗了个痛快的温泉澡，我们后悔晚到一步，有女队员同行有许多不便之处。

晚饭后夜幕降临，一大群男女民工围着熊熊燃烧的篝火跳起了门巴锅庄舞。民族画报社的小凌可忙坏了，这正是他采风摄影的好机会。那些门巴

帕隆藏布大峡谷中的玉梅温泉

族民工说跳就跳，说唱就唱，和平时劳动一样大方、一样自然，绝无半点勉强。丹增、加措和新华社的多穷、西藏电视台的晋美也被那欢快的节奏所感染，情不自禁地加入锅庄舞的行列。

无人区边的门中村

从玉梅到门中并不远，要在平时小半天就可以到，可是前不久大雨滑坡，有两处险情让人望而却步。滑坡高200多米，直抵江底，湍急的江水冲蚀着滑坡的底部，不时有斗大的石块坠落江中，头顶上被连根拔起的大树张牙舞爪，仿佛随时会劈头砸下来。好在有丹增、加措以及帮我们组织民工的林芝县副县长，用冰镐、砍刀在前面开出了一些可供脚踩的小脚蹬，男队员问题不大，几位女记者着实令人担心。

事实上，我们的担心是多余的。阿乐到过“三极”，不必多说；李丹到过新疆的“死亡之海”——塔克拉玛干沙漠；牟正蓬从小练过体操，胆大心细。真正让人担心的，倒是上海《文汇报》记者顾军。可是顾军也顺利地通过了险坡，并不需要别人太多的帮助。

过滑坡虽然有惊无险，却用去了很多时间。离门中近了，小路变得稍微宽展一些，可是蚂蟥却多了。尽管穿着长筒高腰布袜，但这些吸血虫绝不会放过任何机会，从极细小的布缝钻进贴肉处，用那特有的吸盘猛吸起来。麻烦的是徒步行军必须跟上队伍，没时间清理衣服里“窝藏”“潜伏”的吸血虫。几天过去了，宿营时突然发现在睡袋里、帐篷里爬满了令人讨厌的旱蚂蟥。一些是随身带入的，一些是搭帐篷时趁机钻进去的，所以每天进入帐篷都要仔细检查，看看那些个头虽小的旱蚂蟥藏在什么地方，以便及时将它们清理出去。

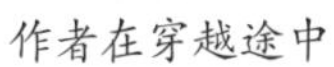

作者在穿越途中

山坡上的野生芭蕉到处都是，这是当年门巴人刀耕火种留下的痕迹。原始森林被人为破坏后，植被有一个漫长的演替复原过程，先是草本、荆棘，后是生长速度极快的次生林，比如杨、柳、桦，还有一些桑科植物，再过若干年后，那些组成原始森林的树种才能逐步演替进入，最终取而代之，成为顶级植物群落。这个演替过程往往超过 50 年。大峡谷附近的次生植物除柳、桦、杨之外，就是成片的芭蕉。芭蕉的根系尤其发达，环境适应性极强，一旦火烧地停耕，它们便即刻侵入，顶级群落的原生树种要取而代之十分困难，这一问题必须引起当地政府尤其是林业部门的高度重视。在大峡谷未来植被更新、生态环境的保护中，切忌任意刀耕火种。有人认为，大峡谷地区降水丰沛，气候温暖湿润，树木砍伐后再生恢复能力强。这是一种错误观点。要知道，大峡谷不仅以植被覆盖面积大而著称，而且最宝贵的在于生物物种的多样性。这里地形垂直跨度大，从极地到热带的许多种动物、

大峡谷中的刀耕火种地

门中村的茶树

植物都能在这里找到它们的踪迹，所以科学家把雅鲁藏布大峡谷地区称为难得的生物多样性的基因库。而有的物种因为人类的砍伐捕猎，也许会永远从这里消失！

突然，走在前面的几个队员停在路旁，用手指着山坡上一片挂着红色果实的植物议论着。李丹问：“张老师，那是啥东西？怎么和辣椒长得差不多？”

我紧走两步，看着那乱石和树林之间“奇怪”的植物，差点没把我笑得背过气去，这分明就是辣椒！“可是辣椒咋不种在地里，却要种在这乱石遍布的山坡上呢？”他们又发问了。也难怪，从小生长在大都市的年轻人，在他们心目中所谓田地就是一马平川，一望无际，阡陌纵横。那些田垄中生长的黄瓜、韭菜、辣椒，他们也许认识。可是在这深山峡谷中，认为那布满乱石的山坡不是地，所以便怀疑那上面长出来的辣椒不是辣椒了。尽管我解释了半天，几个年轻人仍然有些怀疑。后来到了门中村，看见家家户户的晒楼上堆着刚从山坡上摘回来的红辣椒，还亲口尝了尝门巴大妈大嫂腌制的辣椒酱后才相信：“哦，大峡谷的辣椒好香好香！”

门中村有十来户人家，相同的二层木屋，楼下养猪养牛喂鸡，楼上住人，生火做饭。屋前竹林，屋后茶园，虽有几分简朴，却十分宁静惬意。这里的门巴人有自己的语言，却没有文字。多数人会讲藏语，村里的干部和年轻人都会讲点汉语。20 世纪 90 年代以来，由于大峡谷被新闻媒体宣传得多了，每年都有一些国内外团队来这里探险、观光，外国人以日本人和美国人居

好学的门巴小伙子

多。村里有两个小伙子竟能说一两句简单的日语和英语。我给他们纠正了几次发音后，他们就一直跟前跟后要向我学习外语。其实，我中学、大学都是学俄语的，英语是后来工作中自学的，水平一般，不过通过多次单独出国讲学以及长期与外国同行交流，一般对话和应对学术活动还是可以的；日语是与日本朋友的多次合作考察中，学了一些简单的日常对话而已。由于这层关系，在此后的无人区徒步穿越中，他们事事帮助我，抢着帮我背行李、搭帐篷。我说："Thank you！"他说："You are welcome！"令人欣喜的是，门中村和帕隆藏布对岸的扎曲村中适龄儿童几乎都在培龙乡希望小学读书，有几个大一些的孩子在林芝上中学，还有几个孩子被选送到内地上学。雅鲁藏布大峡谷知名度的提高，给这古朴的门巴村寨输入了不少的现代意识和新的理念，相信门巴人的未来会更好。

门中村是临近大峡谷无人区的最后一个居民点。帕隆藏布在这里以90°的直角汇入雅鲁藏布大峡谷的最顶端。几天后，我们将从这里出发去穿越雅鲁藏布大峡谷。我们出发后，大本营就要移师江对岸的扎曲村，阿乐、李丹、小顾，还有林芝县副县长将先后返回培龙。王维、老陶和四个藏族厨师兼翻译将留守扎曲大本营以备接应。我们只等民工到齐就出发。按当地政府规定，这次从培龙过来的民工到了大本营后必须返回，接下来只能用门中、扎曲两村的民工为考察队背运去无人区的考察装备和行李。这样一来，考察队的费用太高（必须付返回的工时费），可是副县长却说当地老百姓穷，平时没地方挣钱，好不容易盼来了打工挣钱的机会，总不能让其他村的人全部挣完。副县长说得在理、动情，老高、王维说，花费多就多一点吧，我们听县长的。

红豆杉林的发现

11 月 9 日，雨，星期一，雅鲁藏布大峡谷。

这是我们瀑布分队进入大峡谷地区的第 11 天（从进入大峡谷入口的派区算起）。无人区山高林密，加上天天下雨，西藏登山协会派来的两位国家级登山健将丹增和加措每天起早贪黑，除了烧水做饭，还要修路搭桥、结绳抢险。好在 17 名队员个个身强体壮，精神十足，虽困难重重，却没有一个叫苦叫累的。我的左腿仍然有点麻木，每天行军之余，金辉和老白都主动为我按摩拍打。高登义先生问我："效果怎样？"我说："走起路来真有健步如飞的感觉呢。"高先生是徒步穿越科学探险考察队总队长，这次也随瀑布分队行动。虽说是多年科考的老朋友，我遇事还是要向他请示汇报。老高对我说："你是分队长，还是你说了算。"高先生很活跃，唱起四川民歌有腔有调，什么"太阳出来（啰儿）喜洋洋（欧郎啰）"，还有"好久没到这方来（呀哟哟），这方姑娘长成材"，总是博得队友、民工们的热烈喝彩。中央电视台的牟正蓬是分队唯一的女队员，我戏称她是"熊猫"——队宝，可是小牟却说她宁肯变成一只小狗。我问为什么，小牟笑着回答说："没见民工们的猎犬嘛，跑上跑下，跑前跑后，攀爬起山来一点也不累。"我指着前面一段拴着登山绳的陡坎说："你多亏没变成小狗，要是变成了小狗的话，看你今天怎么拽着绳子往上爬。"我的话音未落，正顺着绳向上攀登的老高哧的一声笑，手一松劲，差点从 5 米多高的陡坎上摔下来。

在高山密林里行军，晚上宿营是个大问题。尤其是天一黑，什么都看不见，先到的队员可以选择比较平整的地方搭帐篷，后到的往往"无地容身”。我是队长，走在队伍的最后，到达宿营地天色也晚了，只能摸索着寻找最边远的边边角角安营了。小牟要求和我、老高共挤一顶帐篷。野外科学考察，条件越艰苦，越不讲究男女有别。吃完晚饭，钻进帐篷，打开各自的鸭绒睡袋，小牟躺在中间，我和老高一左一右，倒头就睡。第二天一觉醒来，老高已经不见踪影，小牟已经穿好衣服正准备爬出睡袋。见我醒了，小牟将昨晚灌满的水壶递给我说：“张老师，喝口水吧！”我接过还冒着热气的水壶一连喝了几大口，真爽啊！也许太感激的缘故吧，喝完后竟然忘了拧紧壶盖，就把水壶还给了小牟，小牟又随手将水壶放在我们两人的鸭绒睡袋中间。这一放不打紧，结果壶中的开水全部流出，打湿了塑料睡垫，也打湿了两人的鸭绒睡袋。“嘻嘻，不知道的人还以为哪个人昨天晚上尿床了呢！”小牟是个十分率直的女记者。

艰难的徒步穿越

起床后走出帐篷，吓了我一大跳：就在我们的帐篷伸脚的一端，有几棵大树并排矗立着，民工们用几根树枝将大树的间隔挡了起来。我引颈一看，天哪，在大树的

作者和高登义（右）在穿越途中

后面就是几百米高的峭壁巉岩！谁能想到，我们就在这危险的边缘睡了一夜。小牟正为打湿了睡垫和鸭绒睡袋而懊丧呢，一看到帐篷边上那冷风习习的悬崖峭壁，吓得倒吸了一口凉气，把原先的懊恼丢得远远的了。不过，我还是按照经验，将打湿的睡袋和睡垫分别抡起甩了又甩，直到满意为止。

今天，我的心情格外舒畅，因为在行进途中终于看见了加拉白垒峰，在它的东坡发现了一条现代冰川，而且在这封闭的无人区里还发现了成片的野生红豆杉林。

加拉白垒峰又称加拉泽东，即断头山的意思，因为主峰顶部有一个硕大的缺口，仿佛被人砍去了脑袋。该峰与南岸的南迦巴瓦峰隔江相望，当雅鲁藏布江从它们中间穿流而过时，形成了世界上最深邃、最雄伟的大峡谷。

在加拉白垒峰东坡有一条现代冰川，当地门巴人称它为“列曲”。列，即圣物、神圣之意；曲，即水的意思。合起来就是“圣水之源”。

由于种种原因，加拉白垒峰区域内的现代冰川从来没被考察过，今天

在雅鲁藏布大峡谷核心区考察的第一条现代冰川——列曲冰川

既然来到了这“圣水之源”，我倒要花些时间考察一番。队员们听说我观测到了一条现代冰川，都围聚在我站立的那块巨大漂砾下面的平缓地上。高登义尤其感兴趣，因为这一地区现代冰川的动态变化与他研究了多年的雅鲁藏布江水汽大通道密切相关。

通过初步观测确定：这是一条季风性暖性山谷冰川，长 10 千米左右，冰舌平均宽约 250 米，雪线海拔 4700 米上下，冰川末端高度 2850 米。透过高大挺拔的原始森林，只见列曲冰川消融区表碛密布，表碛上还斑斑点点地生长着一些乔木幼林，由桦树、柳树、杨树和杜鹃组成，间或还有冷杉之类的树种生长。冰川末端冰崖较陡，黑白相间的弧拱构造清晰可见。冰川前端既无明显的新近形成的退缩迹地，也未见大型季风性暖性山谷冰川末端常见的冰川消退时形成的冰碛湖。“这意味着什么呢？”靠近我的新华社西藏分社记者多穷和西藏电视台记者晋美不约而同地问我，尤其是晋美，已经将摄像机的镜头对准了我。

“意味着这条冰川至少处于稳定状态。”我指着那高高隆起在小冰期侧碛以上约 30 米的冰舌说，“自 300 年前的小冰期以来，世界上多数冰川都处于大规模的退缩状态，虽然 20 世纪 50 年代曾经有过一个短暂的变冷期，但从那以后，由于工业化的飞速发展，环境的恶化，火山的频繁爆发，还有战争的硝烟，等等，形成了自有人类以来最为严重的温室效应。可就在地球气候变暖、气温不断升高的状态下，在大峡谷无人区却发现了这么一条冰川，它的冰舌高于 300 年前小冰期时所形成的冰碛垄，这表明列曲冰川不仅处于稳定状态，还有可能处于前进状态呢！”

我继续解释说：“这是由于无人区无任何污染，温室效应很难影响这一地区的冰川动态变化。”高先生则不以为然，他说：“这是由于这一带的现代冰川处于雅鲁藏布江水汽大通道的要冲，冰川可以获得更加充沛的冰雪固态物质的补给，所以冰川可以克服气温回升的影响，照样处于稳定状态甚至前进状态。”老高横竖离不开水汽大通道。我是从温度热量条件来解释的，老高是用水量补给的物质条件来解释的。记者们大概认为两方面的综合解释更完备，他们一边摄像，一边微笑着点头示意，发出一片“OK”的赞美声。

列曲冰川末端的冰川消融水在山包的另一侧谷地源头形成了一处飞流直下的瀑布，那瀑布的垂直高度有二三百米。

红豆杉是我在列曲河边的营地附近发现的。

从 1975 年第一次进藏到徒步穿越大峡谷，我已经先后 14 次深入大峡谷地区进行科学考察了。除了一般的冰川资源与环境调查之外，我总想通过自己的研究结果直接为当地经济建设提供更有效的依据。近几年来，在川藏公路整治设计中，以前我对大峡谷地区冰川灾害包括冰川跃动、冰湖溃决、冰川泥石流等方面的研究成果多次被有关部门参考引用；一些冰川景观生态

大峡谷红豆杉

学方面的研究成果也曾引起当地旅游部门的重视和借鉴。每当这时候，我就感到无比舒心和满足。

这次主要任务是徒步穿越科学探险考察，但是我一直处于尽可能获取更多科学成果的热切状态，不论冰川的，还是环境的。近年来，我负责一项国家自然科学基金课题《贡嘎山地区冰川退缩迹地植物群落演替与环境变化关系研究》。在几年的野外调查中，我接触和熟悉了许多冰川迹地附近的动植物群落，其中包括红豆杉。在贡嘎山长期科研实践中，我对红豆杉有较多的了解，对其植株、果实等一系列生态特征有一定的感性认识。在这次考察途中，我一直密切观察着周围的植被群落的组合类型。当在海拔 2500 米的一处古冰碛阶地上宿营时，我发现整个营地所处的阶地上以及四周山坡上，其顶级植物群落全是我心所系的红豆杉树。我通过多穷向民工打听，问他们看见过这种树上生长着一种红色果实没有，都说“麻惹，麻惹”。我一听就懂，“麻惹”是藏语，门巴人也说，就是“没见过”的意思。但我知道红豆杉还有一个特征，那就是雌雄异株，雌树开花结果，雄树既不开花也不结果。天黑之前，我对附近的红豆杉树进行了详细的考察，终于在一处临水的地方发现了一片结着红豆的雌树。我小心翼翼地采下了结有红豆的第一号红豆杉标本，夹在笔记本中。我异常兴奋，恨不得对着山谷高声呼喊：我发现红豆杉了！还是原生林啊！一大片啊！通过进一步考察，我发现这种树侧枝十分发达，枝下高（树身第一排侧枝距地面的高度）很小，甚至擦地而生。这是一种常绿乔木，单株高达30～40米，但雌株普遍矮小。叶子呈条形，螺旋状互生，侧枝上的杉叶排成两列，向上微呈V字形展开，叶面中脉隆起，下面有两条淡黄色气孔带，并且生有又细又密的乳头状突起点。在叶柄中间间或生长着一些美丽的柱状圆形小红豆。红豆脐部有一个小而亮的黑色突起，红豆直径长4～5毫米。

美丽的大峡谷红豆杉果实

我回想几天来沿途所

见到的植物，除了松树、杉树、栎树、杜鹃外，有不少都是这种树。翻开笔记，发现它们生长在海拔 2000 ～ 3400 米之间的山坡上，山坡上的大量漂砾说明，这一带恰好正是第四纪古冰川后退时所形成的冰川迹地。为了谨慎起见，我暂不公布这一重大发现。我要等此次考察进行得差不多的时候，也就是对无人区红豆杉天然林的分布规模、面积等一系列数据调查清楚后再开一个“新闻发布会”。要知道，瀑布分队的记者就有 10 人之多，加上作家金辉，远远超出我们的科研人数！不过，我还是按捺不住内心的极度惊喜，有意地放风出去：“我将有一个重大发现，但现在不说，等我考察出较完整的结果后再向大家宣布。”这一来可不得了啦，小汤、晋美、王红军、多穷一个劲地追问：“张老师，告诉我们吧，我们一定不乱发新闻稿。”一路走来，我和高登义都在一顶帐篷中宿营。当天晚上，我向他出示了红豆杉标本。他激动地表扬我说：“老弟又为我们考察队立了大功啦。”中央电视台的小牟不甘示弱，也加入到追问的行列。没办法，我向她透露了我的秘密。哪知小牟并不甘心，一定要看我采集的实物标本。小牟急着想发消息，我说，在数据资料还未完全搞清楚以前千万不可乱发。我与小牟达成了没有我同意一定不发消息的“君子协定”。

后来，当我们考察完第一大瀑布群归来的第二天，也就是 11 月 13 日下午，我正式向随队参加考察的中央电视台《新闻 30 分》、新华社西藏分社、中央新闻电影制片厂、西藏电视台、《北京青年报》、《民族画报》等各位记者朋友公布了这一重大发现，并亲自为多穷写了一篇《在大峡谷无人区腹地发现了天然红豆杉林》的通讯稿。

返回成都后，我查阅了有关红豆杉的文献资料，通过比较，这种红豆杉很可能属于喜马拉雅红豆杉，这种红豆杉在西藏南部的喜马拉雅山脉南坡有所发现，在雅鲁藏布大峡谷无人区属于首次发现。接着，受中国科学院成都山地研究所《山地学报》特约，我撰写了两篇徒步穿越科学考察的研究论文，一篇是《青藏高原考察新发现——帕隆藏布大峡谷》，另外一篇是《世界第一大峡谷——雅鲁藏布大峡谷科学考察新进展》，其中对大峡谷天然红豆杉林的发现经过及其生长环境、经济方面的意义进行了专门的论述。在1999年1月6日中央电视台《新闻联播》节目中，将科考队首次徒步穿越雅鲁藏布大峡谷列为“1998年十大科技新闻”的第二。在这条新闻中，新华社通讯稿是这样表述的：“587名两院院士评选出1998年中国十大科技进展新闻……二、科考队徒步穿越雅鲁藏布大峡谷考察获得丰硕成果。”以下是这条被排名第二的新闻内容：“科考队在这条世界第一大峡谷进行地理、大气、水文、植物、动物、冰川等方面的考察，提出了大峡谷瀑布群的概念；采集了2000个昆虫和植物标本、地质岩石标本以及各河段水样，

大峡谷中绽放的花卉

在核心区发现了珍稀原始红豆杉林。这些科考成果将对大峡谷地区丰富的自然资源可持续发展、科学合理的开发利用和环境保护具有重要的意义。”

在这条新闻中涉及我们瀑布分队的重大成果的有地理、大气、冰川三个专业，其中取得的重大成果有：由我和高登义共同提出的大峡谷瀑布群的科学概念和由我发现的珍稀原始红豆杉林。

关于原生红豆杉在无人区核心地区的发现成果，受到了极大的关注，西藏自治区和林芝地区高度重视这一成果。瀑布分队的队员们为之欢欣鼓舞。我也十分高兴，终于又为西藏人民做了一件看得见的实事。

困扰重重

雅鲁藏布大峡谷徒步穿越考察极具挑战性，一路上险象环生，危机四伏。

在此次徒步穿越科学考察的整个行程中，除了蚂蟥和蚊虫的叮咬、毒蜂和毒蛇的威胁之外，就是随时随地都可能发生的各种危险的困扰，包括洪水激流的威胁，还有可能面临受伤、生病甚至死亡的危险。

记者白坤义在为作者按摩腿

长期的野外考察，让包括我在内的许多队员都多多少少落下了一些伤痛。我的左腿有严重的关节炎，在金辉和白坤义的帮助下，虽然不时地隐隐作痛，但是并未对穿越探险考察有太多的影响。在大本营负责三分队的杨逸畴不仅声音沙哑、咳嗽不止，而且两次突然休克，

瀑布分队在大峡谷徒步穿越途中

让大家对这位地理地貌学家的生命安全忧心忡忡。可是杨逸畴又不甘心中途离队，离开他付出半生心血的雅鲁藏布大峡谷。总队长高登义年纪比我大，但总是身先士卒，穿越途中我们俩一个帐篷，他的腿脚都有些肿胀，晚上睡觉翻来覆去，还时常咳嗽，我都看在眼里，只是他不说而已。我劝他少背些东西，少干些搭帐篷、拾柴火、提水做饭等杂活，动动嘴给我这个分队长多指导指导就行了。可是老高总是对我说："老弟，谁让我们天生就是不怕苦、不怕伤、不怕累，甚至不怕死的勤奋人呢。"

在我们瀑布分队的穿越途中，从央视记者携带的海事卫星电话和发来的影像资料中得知，由李渤生率领的一分队在徒步穿越到白马格雄附近时，有人掉到了湍急的山洪中，差点被激流冲走。原来在过一条山溪时，登山队员仁青平措和小吉米指挥民工砍倒一棵大树，横架在支流上，为了安全起见，仁青平措将登山绳和先过去的民工在两岸拽紧作为"扶手"。先是民工依次过桥，然后考察队员在分队长李渤生带领下鱼贯而过。当李渤生快到对岸时，脚下一闪，半边身子即将掉进激流，他本能地用手使劲拉住"扶手"绳，就这么一个动作，却将紧跟的其他队员悉数拉下了水。在仁青平措等人的帮助下，队员们被及时救了上来，可是中国科学院地质研究所的季建军因为踩在了一块溜滑的石头上再次跌入激流之中，翻了好几个滚，眼看就要被冲进大峡谷主河道，幸亏一名队友不顾危险再次跳入水中将小季救起。

由关志华率领的二分队在翻越多雄拉山口时，由于道路泥泞难行，有名队员不慎将左肩骨摔成粉碎性骨折。经过简单处理后，被送到扎（木）墨（脱）公路80千米处，在林芝行署的安排下，由波密县政府派车接至波密县，该队员不得不中途退出，提前返回北京治疗。

央视女记者牟正蓬是瀑布分队最忙最累的人。她总是跑前跑后，唯恐错失了最好新闻。就在我们瀑布分队徒步穿越的第一天傍晚，几乎所有的队员都抵达宿营地了，天色越来越暗，又淅淅沥沥地下起雨来。老高问我："记者小牟呢？"我四处看了看，真的不见小牟的身影。我和老高商量派登山家丹增回头去找。牟正蓬是我们瀑布分队唯一的女队员，又是央视记者，如果出了问题，中央电视台的新闻报道将会突然中断。更重要的是人命关天，我这个瀑布分队队长也无法向她的家人和中央电视台交代啊！原来小牟感冒发烧了，多亏有一位民工陪着她。当她和民工在丹增的接应下赶到营地时，我们终于松了一口气。丹增自告奋勇为小牟搭起了单人高山帐篷，我赶紧取出从成都带来的咖啡加奶粉伴侣，用刚刚烧开的水为小牟冲了一杯。小金和白坤义将小牟送进帐篷后，

作者和央视记者牟正蓬（左）在考察途中

穿越途中作者在拍打身上的蚂蟥

还为她刮痧治疗，直到她安然入睡。

为了保障小牟的安全，我和高登义商量，想动员她次日返回大本营。至于报道，还有西藏电视台新闻频道的藏族记者晋美，他同意将自己的报道内容发给中央电视台共享。第二天，当我将这一决定告诉小牟后，她却信誓旦旦地对我说道："张队长，我的病好了，真的。"她说什么都不肯返回大本营。在后来的几天行军中，仍然是大雨滂沱，小牟的感冒一直没好利索。可是她还是坚持每天跑前跑后地采访有意义的新闻，直到在大峡谷无人区顶端发现了绒扎瀑布，也许是太兴奋了吧，她只顾采访报道，忘记了感冒，感冒也就离她而去了。

不知道是因为蚊虫和蚂蟥的叮咬，还是因为连续的阴雨天，防水冲锋衣密不透气，那几天好些人身上都起了许多小水泡。大峡谷的蚂蟥成灾，蚊虫叮咬防不胜防。小水泡又疼又痒，影响徒步穿越行军速度不说，关键是找不出长水泡的原因，导致瀑布分队的成员人心不安。小牟的身上也长了不少的水泡。到了绒扎瀑布营地后，男队员们燃起篝火烤干衣服，有的还去江边用凉水洗了澡，身上的水泡慢慢减少甚至消失了。只有小牟身上的水泡一直到完成穿越任务回到大本营，还未见消失。我突然想起在回来时路过的山谷里有一处温泉，便告诉她，也许温泉可以治愈那些令人心烦的水泡吧。小牟听了我的话，一个人下到谷底的露天温泉中，连续泡了两次后水泡也消失了。后来听说那一带曾经有老虎出没，还常常有豺狗、豹子和野猪下到温泉去喝水，当时竟没有派人陪同她一起下沟，想想真后怕！

就在我们穿越取得成功准备返回的时候，一些美国人在中国某旅行社的安排下也闻讯赶到，他们分别尾随一分队和瀑布分队，想抢先完成大峡谷徒步穿越并且抢先发现、认定大瀑布，结果三名美国人在大峡谷南岸试图利用橡皮舟接近绒扎瀑布时翻船落水，不幸遇难。另外几名美国人稍后从派区出发，试图利用漂流的方式穿越大峡谷，可是他们并不了解大峡谷的地质地貌和激流险滩，尽管成功地漂过了直白、加拉等几个跌水险滩，最后还是在白马格雄附近翻船受阻，一名美国队员不幸被汹涌的激流冲走遇难。

水汽大通道

水汽大通道，是我们在南迦巴瓦峰地区或者雅鲁藏布大峡谷科学考察中又一大科学研究成果。

早在 20 世纪 70 年代青藏高原自然资源综合科学考察期间，我们冰川组就通过对大峡谷所在的林芝地区进行了大量的实地科学考察和长期的定位观测，结合当地已有的气象、水文台站资料，根据大比例地形图，绘制出了该区域的降水分布曲线图。这个曲线图活像一条由南向北再向东北方向略微弯曲的“舌头”，这就是后来被科学家认定的在西藏东南部上空存在着一个高强度降水的“湿舌”。

“湿舌”是来自孟加拉湾和印度洋的西南季风，受大峡谷的地形影响，在南迦巴瓦峰和雅鲁藏布大峡谷以及藏东南地区形成了高强度的降水（雪线以上为降雪）。“湿舌”的存在有力地解释了为什么在这一带有那么多的冰川和原始森林分布，河流也有那么充足的水量补给（帕隆藏布是雅鲁藏布江水量最为丰沛的一级支流）。雅鲁藏布大峡谷及其邻近区域不仅是我国三大原始森林区之一，而且还是我国最大的季风性海洋性冰川分布区。我国现代

大峡谷地区的云海

冰川一共有46252条，面积达59402.6平方千米，其中季风性海洋性冰川有8607条，面积达13203.2平方千米。而大峡谷所在的林芝地区正是我国季风性海洋性冰川分布最集中、规模最宏大的区域，面积为9000多平方千米，占我国季风性海洋性冰川面积的68%；冰川数量为4800条左右，占我国海洋性冰川总量的56%。

大峡谷上空“湿舌”的发现，是在当时技术手段和科学发展水平阶段上的最新成果。虽然这个成果足以解释大峡谷地区原始森林和季风性海洋性冰川分布发育的原因，但不能圆满地解释为什么“湿舌”以东的横断山地区分布着大片原始森林和季风性海洋性冰川的原因，也不能圆满地解释更东面的成都盆地何以四季分明、风调雨顺的气候原因和大气运行机制，而只是强调了该“湿舌”的存在使得青藏高原自东而西先后进入雨季。在20世纪80年代初期的南迦巴瓦峰登山科学考察中，由大气物理学家高登义教授负责的气象组，通过几年的连续观测，包括施放高空探空气球和平流层平飘气球发现，在大峡谷上空不仅存在一个“湿舌”，整个雅鲁藏布大峡谷就是一个惠及青藏高原东部、东北部的水汽大通道！

高登义等科学家进一步将水汽大通道和大峡谷地区的环境特征关系进行了科学的解释。高登义教授认为，由孟加拉湾南来的暖湿气流，先沿着雅鲁藏布江下游的布拉马普特拉河，以接近2000克/(厘米^2·秒)〔“克/(厘米^2·秒)”是一种水汽流量的单位，表示每秒从每平方厘米单位面积通过的水汽重量，即克数〕的水汽输送量溯江北上，在印度的乞拉朋齐形成了年平均降水量达到10070毫米的“世界雨极”，然后再沿着雅鲁藏布大峡谷继续北上，到达大峡谷下游的墨脱县后，水汽量仍然保持在1000克/(厘米^2·秒)以上，在墨脱县一带形成了又一个大的降水带，据高登义估计，其年降水量可以达到4500毫米。当水汽到达大拐弯顶端后，其中的大部分水汽〔500～700克/(厘米^2·秒)〕沿着帕隆藏布支流易贡藏布谷地溯江而上向西北方向输送，另外一部分水汽〔300～400克/(厘米^2·秒)〕则沿着帕隆藏布向东输送，其余一小部分

水汽萦绕的南迦巴瓦峰

沿着大峡谷谷地向西输送。

水汽通道不仅将大峡谷的雨季提前了一个多月，还将青藏高原等值的降水带向北推进了5个纬度。青藏高原及周围500毫米降水量等值线的北界应该是北纬27°左右，而大峡谷水汽通道的500毫米降水量等值线可以达到北纬32°。正是这种等值降水量带的北移，使得大峡谷墨脱地区的气候尤其是夏天变得犹如热带一般。大面积的原始森林，众多的河岔湿地，丰富的热带亚热带动植物群落，在这里比比皆是。这里还是西藏唯一的茶叶生产基地。众所周知，我国的云南有个西双版纳，那里是我国比较典型的热带植被分布区。西双版纳的纬度为北纬22°左右，可是墨脱县的纬度则为北纬29°左右。在墨脱县生长的一些植物种类和西双版纳的极为相近，比如野生的芭蕉、柠檬、高大的榕树、有“植物活化石”之称的树蕨，还有类似非洲的面包树（又称小果紫薇）。热带动物就有在我国极少发现的孟加拉虎、大犀鸟和绿孔雀等。

大峡谷地区的孟加拉虎

墨脱野生芭蕉

在我们的考察中，虽然未曾目睹墨脱老虎的尊容，但是通过对当地群众的调查了解得知，在墨脱县达木珞巴民族乡和格当乡的确分布有老虎家族，

墨脱小果紫薇

还不时有老虎伤害牲畜的事件发生。通过科学调查（足印、粪便等样方控制法）的方法估计，20世纪80年代在墨脱县境内生活着20多头野生老虎。在八一镇自然博物馆内展示着一头曾经出没在墨脱县格当乡一带的老虎标本。

在那个国力还不太强盛，技术手段尤其是遥感技术处于落后状态的时代，我们的科学考察人员起早贪黑地在野外考察、观测，不停地记录、收集各种资料，回到单位后又夜以继日地整理和计

大峡谷湿地景观

大峡谷地区的茶园

算数据、分析样品和标本，试图从中找出某些规律，从而得到阶段性的科学结论。

无论是20世纪70年代的青藏高原自然资源综合科学考察，还是南迦巴瓦峰登山科学考察，我们采用的手段和技术以及可利用的方法都不能与现在同日而语。就拿大峡谷上空的“湿舌”或者水汽大通道的研究来说，那时候除了日日夜夜的短期观测得到的资料外，可利用的县一级的台站长期气象水文观测资料并不能完全满足大峡谷若干科学问题研究的需要，尤其是连续准确的卫星气象云图，那是要花大量外汇向先进国家购买的，即使买到了，也是零敲碎打，挂一漏万，仍然达不到得出十分准确结论的要求。

如今，我国的航空航天实力强大，随着国产气象卫星的陆续发射升空运行，大量高清晰度的卫星气象云图出现在我们每天的《天气预报》节目里。令人兴奋的是，一旦有西南季风的天气过程产生，那些来自印度洋、孟加拉湾的滚滚云团铺天盖地，不仅覆盖了雅鲁藏布大峡谷上空，而且一路向东，影响到了横断山脉，影响到了四川盆地，甚至可以影响包括中国东部在内的东亚地区，波及朝鲜半岛和日本列岛……

无论是“湿舌”，还是水汽大通道，当年所界定的区域并不太准确，可见科学研究具有阶段性、长期性，人类对大自然的认知总是相对的。

我有幸参与和见证了这些科学考察的全过程，每当回忆起来，只有身临其境的人才会有的那种自豪感便油然而生。

大瀑布群

经过半个多月的辗转跋涉和艰难行进，我们雅鲁藏布大峡谷徒步穿越科学探险考察队瀑布分队 17 名队员，和配合我们考察行动的门中、扎曲村 78 名民工，终于顺利抵达距大峡谷大拐弯顶端直线距离 6000 多米的大瀑布附近的三角形开阔地。

千万不可小看这 6000 多米的距离，这可是每跨一步都充满着惊心动魄，可能迈向深渊或跌入急流的 6000 多米！是我近 30 年科学考察探险活动中很少经历过的 6000 多米。

作者率先冒雨进入大峡谷核心地段

冒着被凉爽的河谷风掀动的雨帘，我和丹增、加措率先抵达急流汹涌的雅鲁藏布江边。丹增和加措是国家级登山健将，他们以藏族同胞特有的热情和助人为乐的高尚品格，处处身先士卒，总是吃苦

壮观的绒扎瀑布

在前，克服困难在前，为考察队员服务在前，这次又和我一起首先到达大峡谷无人区的核心地段。我们站在烟雨空蒙的雅鲁藏布江岸边，放眼望去，真的是深箐幽壑，天见一线；再看近处，只见不远处江流突然收束变窄，白浪滔天，吼声如雷；再向两岸巡视，高高的夏季洪水水位痕迹隐约可见，江边基岩被常年的流水磨蚀得溜光圆滑，呈现出典型的浪蚀瘢痕和壶穴景观。那片三角形开阔地上也是乱石穿空，朽木重叠。幸好一些大如房屋的巨石上有一些平缓处，丹增说正好可以用来搭帐篷。雨仍在下着，淋得像落汤鸡一般的队员和民工陆续抵达。小牟急着问:“张老师，看见瀑布了吗？”我一边甩着被雨水和汗水打湿的衣服，一边指着下游 500 米处的峡谷收束处说：“凭我的野外考察经验，那里一定有大瀑布！”小牟说“但愿如此”。中央电视台《东方时空》栏目的王红军却说：“看样子，即使有瀑布，规模也不会大。”

小牟听了红军的话，一脸惆怅，她原本打算在大峡谷无人区用中央电视台最先进的卫星电视传送设备将考察队发现、认定的第一个大瀑布的消息传回北京，用她的声音在大峡谷无人区腹地向全国人民、向全世界公布这一重大新闻。再说，这瀑布分队的名字还是她建议的呢。可是如今到此一看，除了雨雾朦胧中的江峡和那震天动地的江涛，要见的瀑布似乎连影子也没有。

这个三角地带一边靠江，一边靠山，一边靠一条小山溪。民工们三三两两，自有躲雨、生火做饭、睡觉的好去处，原来靠山一面有好多大石崖、石洞，那是若干万年以前雅鲁藏布江老河床遗留下来的冲蚀痕迹，那里遮风又避雨。我和老高在靠小溪的一侧撑起了帐篷，这里还算平缓，可是杂草丛生。村委会主任和支书用砍刀帮我们清除了荆棘和荨麻，跟我学外语的两个小伙子搬来几大截朽木，找来一些火绒草和油松，不大工夫就燃起了一堆

绒扎瀑布上空的彩虹

登山队员丹增

登山队员加措（左一）

足以赶跑所有毒虫、蚂蚁和马蜂的篝火。这时，只见靠山脚的山洞里也冒出了炊烟。丹增和加措那堆篝火最旺，他们自告奋勇地承担了做晚饭的任务。自打离开培龙以来，他们除了打前站、开路、建营地以外，几乎包揽了每天生火做饭的任务。为了保证考察途中电视转播和海事卫星电话用电，从八一镇买了几大桶发电用汽油，几个身强力壮的民工小心翼翼地将汽油背进了大峡谷。我告诉丹增和加措，可以适当用一些汽油生火烧水做饭，要是天晴，丹增从不用汽油生火。今天下雨，大家走了一天，中午只是就着山泉水吞咽了几口方便食品。为了早点把晚饭做好，丹增在柴火上泼了些汽油，只见那火苗呼呼地直往上蹿。

晚饭后小金跑来找我，情绪不高，原来他也担心见不着大瀑布。我劝他别急。大拐弯流程很有限，不靠一些大瀑布来克服巨大的水流落差，从地质学和水文地貌学上是讲不通的。再说，下游几百米的地方江面突然收束而且吼声如雷，惊天动地，一定会有一个大瀑布。金辉说他本来也是这么想的，但经不住大家的影响，也信心不足了。

科学探险就是这样，必须讲科学，否则就是冒险。冒险的结果要么一无所获，要么会遭遇危险，甚至付出生命的代价。

我最关心的是第二天的天气情况，就向老高请教。老高说："地方性的天气一时不好讲，不过看样子明天会好点。"他抬头看天："我的天，星星！"透过缕缕炊烟，只见天穹的西南角闪烁着一颗橘红色的星星，我说那是火星，小金说那是木星。老高开心地说，管它是木星还是火星，看来明天的天气总比今天好。一直不愿离去的牟正蓬，对着天空中越来越多的星星高兴得直蹦跳。

天色渐渐黑下来了，天上的星星也越来越多，越来越亮。有人提出先到 500 米开外的下游去看看，我劝阻说："安全第一，已经到了跟前还愁见不着瀑布。摸黑万一掉进了江里，就别想活着回来。不要说这波涛汹涌的大跌水江段，就是那些看似平稳的地段也不敢小看，这可是世界级的雅鲁藏布大峡谷啊！越是到这个时候越要冷静。"对于野外考察，我始终抱定安全的宗旨不放松，所以几十年下来，我带了无数个考察队，从来没有出现过大的差错，任务完成情况总让大家满意，领导放心。

睡觉前，我照例用头灯检查身上、帐篷上、睡袋里有没有蚂蟥。和老高住在一起，这些事情都是我来做。

"蚂蟥！"我的话音未落，已钻进睡袋的老高条件反射般地坐了起来，"哪里？哪里有蚂蟥？"我指着老高睡袋的一角说："那不是蚂蟥是什么！"只见一条吸饱了血的蚂蟥一头扎在睡袋的线缝里，尾巴竖起足有无名指粗细。正在外面烤火的小汤、小周和老白都围了过来。他们又先后在我们的睡袋上、帐篷的双层门布缝中一连发现了五六条又肥又大的蚂蟥。蚂蟥这东西真怪，用手逮是抓不下来的，即使一撕两半，吸盘的那头仍然死死地钻在缝隙里面，可是用手狠劲拍去，十拿九稳，一拍就滚下来了，这就叫“怕打不怕死”。小汤、小周几巴掌下来，几条蚂蟥被打瘫在地，老白用燃烧的柴火将它们处以“极刑”。蚂蟥不是人人都招的，有的人泡在蚂蟥坑里也不会被蚂蟥咬，有的人处处小心却仍然防不胜防。我不知道这些蚂蟥是我招来的还是老高招来的，老高却说：“我也不知道这些蚂蟥是谁招来的，反正我还没有被蚂蟥咬过呢。”

半夜醒来睡不着，翻身起来钻出帐篷一看，仍然是满天星斗。银河两边的牛郎星和织女星不时地眨着眼睛，好像在对我说：“放心吧，明天一定是个大晴天。”被我惊醒的老高说：“你这小子别担心，快睡吧！”我说：“你是大气物理学家，当然不担心了，天晴下雨都是你说了算。”多年相处的老朋友调侃着，心里愉悦多了。

不知不觉，我又进入了梦乡。在梦里我觉得天气格外晴朗，急着要去寻找大瀑布，可是帐篷上却爬满了蚂蟥，几个年轻人正帮忙拍打着我的帐篷。

欢腾的绒扎瀑布

作者在绒扎瀑布采集岩石标本

作者和央视记者牟正蓬（左）在绒扎瀑布

作者和央视记者徐进（左）在绒扎瀑布

睁眼一看，原来是金辉正叫我们起床呢。果然是个好天气！知了高声鸣叫着，江水咆哮奔腾着，大崖窝那边的炊烟和林地中的雾岚交织着袅袅升起。早饭后，我决定让丹增、加措带着村支书央金和另外两名民工去前面探路，我和小金到那江面收束处观察是不是有大瀑布，并约好哨音信号和手势，一旦有情况，其余队员随后跟进。这么安排是好决定中央电视台和西藏电视台的记者是否需要扛机器过去，要是真没有想象中的大瀑布就另作打算。

当我和小金来到距江面收束口不足 100 米的地方时，只见一江白色波涛向下游跌落而去，溅起的水浪足有三五十米高，那里分明就是一处气势磅礴的大瀑布啊！赶紧吹哨，三长一短，又做了一个快来的手势，只见小牟、徐进、晋美、王红军、小汤、小周、祥子、凌峰、老白他们提着早已准备好的摄像机、照相机“倾巢而出”。可是我却发现自己出发时忘了带照相机的变焦镜头，我让小金招呼大家注意安全，转身回营地取镜头，迎面碰上快步赶来的红军和晋美，他们要采访，我只好“就范”，有问必答。在这个过程中我边讲边向江中望去，发现除了一个大瀑布外，在附近江面上还有两个小瀑布，于是我向两位记者说：“看来雅鲁藏布大峡谷不仅存在大瀑布，而且还有一些属于连续跌水型的瀑布群。”采访完，我正好遇见快步赶来的老高，我建议引进“瀑布群”概念作为这次徒步考察穿越的又一成果，老高完全同意。这时中央电视台记者牟正蓬也急急火火地赶来了，小牟说：“张老师，真有大瀑布吗？”我说：“不仅有大瀑布，而且是以一个大瀑布为主体的瀑布群。”

当我从营地取了照相机变焦镜头走到大瀑布北岸时，全体队员都忙着从不同角度用不同变焦对着那大瀑布拍照和实地考察。

我和高登义、金辉、牟正蓬、汤海帆、徐进、多穷等人共同考察、认定：大瀑布高 30 米、宽 50 米；用我随身携带的卫星定位仪（GPS）确定了该瀑布的中心地理位置；并测量出海拔为 1689 米。瀑布所在基岩岩性为深变质花岗片麻岩，中有条带状石英结晶岩脉直穿对岸。因为三角地带的小溪叫绒扎曲，于是我建议将瀑布分队发现的这个瀑布定名为绒扎瀑布。绒扎瀑布横断雅鲁藏布江整个河谷，是一个非常典型的河床型大瀑布。绒扎瀑布形成的年代，也和雅鲁藏布大峡谷形成的年代大致等同，至少也有百万年以上的地质历史了。

为了更加直接地观测、拍摄绒扎瀑布，民族画报社的摄影记者凌峰要求下到大瀑布下方的陡崖底部，争取拍摄到意想不到的奇特效果。丹增和加措用登山绳将凌峰按照严格的登山结要求“捆”了个万无一失。岸上七八个小伙子拽着登山绳，将凌峰缓缓地吊到瀑布的左下方。可是，飞溅的瀑布水珠在空中形成浓浓的雾霭，凌峰携带的照相机和摄像机镜头什么都看不见，而大瀑布飞流直下的冲击力形成的气浪将凌峰刮得倒来倒去，根本无法控制

作者、高登义（左）和央视记者祥祖军（中）在绒扎瀑布

手中的拍摄工具。于是在凌峰的要求下，大家又及时将他拽了上来。凌峰的吃苦敬业、不怕危险的勇敢精神感动了在场的每一个人。凌峰也是中国科学探险协会的资深会员和理事。

小牟说想现场采访做节目，我说今天以老高为主，这时只见央金和另外一名民工已经爬上了我们头顶上方的基岩山。我决定让金辉陪我攀岩上山，想从正侧方对大瀑布进行观察。小牟说，除了老高外，她再随意采访几名队员，我说你自己决定吧，然后就和小金相伴沿着丹增他们开出的一条陡壁险道攀缘而上。

关于瀑布分队发现、认定雅鲁藏布大峡谷上第一大瀑布的新闻报道中，既无队长也无副队长的采访内容，是我急于上山想绕到瀑布下游的正侧面去考察而造成的遗憾。回到家后夫人问，到了单位同事问，见到朋友他们也问，问我在穿越中有那么多发现，为什么在发现、认定大瀑布的关键时刻，作为瀑布分队的队长却没有出现在现场。其实，老高向小牟提议过，应该给瀑布分队张队长补一下采访内容，大概因为我和小金回营地后天色已晚也就作罢。

一个半小时后，在村支书央金的接应下，我们终于爬上了一座高高的基岩倾斜台地，这时丹增和加措已沿着他们修好的路返回瀑布现场，我请他们帮助维持一下采访次序。

登上高处向瀑布望去，江流如喷如射，溅起的浪花在太阳的照射下形成一道七色彩虹。再由上向下观测，发现竟然有六处跌水，除了主瀑布之外，上游有两道小跌水，下游有三道大跌水，其中一处瀑布高约10米，宽50多米。只是受地形限制，不可再靠近考察。

我更坚信，在举世瞩目的雅鲁藏布大峡谷上还有若干组瀑布群，这些瀑布群不仅是可供开发的旅游景观资源，而且还蕴藏着丰富的水电水利资源。随着社会的进步，科技的发展，已被这次徒步穿越科学探险考察揭去神秘面纱的世界第一大峡谷的各种资源，必将得到全面、合理、科学的保护，并在国家经济建设的大战略中被开发利用。

大峡谷中的瀑布比比皆是

自此向峡谷的上游一定还有许多奥秘等着我们去考察、去发现、去证实。对岸的一分队不知为什么一直没有联系上，照理说都有海事卫星电话，也有对讲机，按时间推算，他们也应该过白马格雄了。白马格雄距绒扎瀑布直线距离也不过20千米，可是我们发出的各种信号总是收不到回音。万一他们穿行受阻完不成任务，该怎么办？

小金动员我说：“张老师，你继续带我们往前走吧！”可是按总队在门中制订的计划，穿越到第一大瀑布就全队撤回，说是当时经费还未到位，时间拖久了民工费用太多，再说瀑布分队所带粮食供应也不十分充足。最后我说：“金辉、徐进，你们二人带一些民工和剩余的食物继续逆江上行穿越，其余的队员和民工由我带队原路返回门中、扎曲。”

我让小金和徐进选了11名最壮实的民工，挑选最方便、质量最好的食品，带着高度表、GPS和一台步话机，还有中央电视台最好的一台电视摄像机，于11月12日往上游继续穿越。最后小金、小徐二人上行近13千米，先于一分队发现、认定了三组瀑布群，于11月23日顺利返回扎曲大本营。至此，我们瀑布分队完成了约19千米无人区核心地段的徒步穿越科学探险考察任务，发现了大片原生红豆杉林，并对其进行了初步考察；首次对无人区加拉白垒峰东坡的现代冰川进行了初步研究描述；发现、认定了绒扎瀑布和另外三组瀑布群；首次提出了雅鲁藏布大峡谷瀑布群的科学概念。

大峡谷最大的瀑布——藏布巴东瀑布

由李渤生率领的一

大峡谷中的扎曲村

分队在大峡谷南岸从派区向白马格雄和西兴拉的徒步穿越过程中，也先后发现、认定了另外两个横贯河谷的河床大瀑布，其中一个最大的大峡谷瀑布是藏布巴东瀑布，宽度为 117.7 米，落差为 55.96 米。

由于我们提前、超额完成了瀑布分队成立之初既定的科学探险考察任务，加上两位罗马尼亚朋友 11 月 29 日将抵达成都，对四川北部和云南昆明的喀斯特地貌与环境进行合作考察研究，我决定提前返回。与此同时，金辉、汤海帆也想随同我先行返京。11 月 24 日我们离开扎曲大本营，11 月 28 日回到拉萨，29 日顺利返回成都，去迎接新的科学考察研究任务。

后来一、二分队在扎曲会师，会师的新闻报道中未报道瀑布分队的行踪，一样引起了许多电视观众和同事、朋友的询问，这当然也是一个遗憾，也是总队长高登义在后续工作中的疏忽。人多事杂，在所难免。这次科学探险考察的经费完全借助于天年生物公司的赞助。由于种种原因，考察时经费并未完全到位。当时为了优先保障民工的工资发放，我们考察队员的物资供应，

作者、杨逸畴（前右）、高登义（后左）、王维（前左）、陶宝祥（后右）在大峡谷扎曲村

作者和金辉（左一）、凌风（右一）、汤海帆与徒步穿越大峡谷胜利纪念牌合影

甚至包括每顿饭的标准都得不到保障。几十天下来，我的腰带紧了又紧，瘦了20来斤。在那次科学探险考察的最后阶段，老高一直在为民工工资、队员的生活补贴、科学家研究经费的到位问题发愁不已。

世界第一大峡谷首次成功徒步穿越科学考察活动已经过去了19年，如今的雅鲁藏布大峡谷早已今非昔比，当年我国最后一个不通公路的县——墨脱县的交通运输条件已经大为改观。无论是扎墨公路，还是多雄拉过山小道，一年四季人来人往；随着林芝机场的建成通航，大峡谷入口处的派镇更是改天换地，游人如织，每天都有现代设施齐全的大巴车来往于拉萨、林芝和派镇以及格嘎村之间；拉萨到林芝的铁路也在紧锣密鼓的建设中；在中央政府的财政支持下，将来的318国道将建成等级更高的真正的高速公路，川藏铁路也在规划之中。相信不久的将来，川藏铁路将会在林芝大峡谷核心区与拉萨—林芝铁路“胜利会师”，那个时候的雅鲁藏布大峡谷将会以全新的面貌呈现在世人面前，一展她那举世无双、雄奇伟岸的风姿。为此，作为我们这些当年多多少少曾经为大峡谷做过贡献的“大峡谷人”，除了无比的自豪就是无穷的欣慰。

让我们不要忘记那些为大峡谷科学考察和论证认定的所有“大峡谷人”：孙鸿烈、刘东生、王富洲、杨逸畴、高登义、关志华、李渤生、王维、张继民、陶宝祥、牟正蓬、金辉、徐进……2018 年，将是人类首次徒步穿越科学考察雅鲁藏布大峡谷 20 周年，我们当年的主要骨干成员都已经年届古稀了，大峡谷主要发现、论证者杨逸畴教授，全力支持杨逸畴教授和高登义等科学家论证的刘东生院士，还有为大峡谷多次科学考察呕心沥血的王富洲先生已先后谢世。在他们还健在的 2008 年，也就是大峡谷徒步穿越 10 周年的时候，中国科学探险协会就计划组织一次重访雅鲁藏布大峡谷的科学探险考察，我还花了三天时间写了一份重访大峡谷的科学考察计划书，该计划书也得到了高登义等中国科学探险协会负责人的认可通过，可是由于经费等原因未能成行。到了 2018 年，希望中国科学探险协会再组织一次规模更大、水平更高的雅鲁藏布大峡谷徒步穿越的回访科学探险考察，但愿有关政府部门、企业家和仁人志士以及媒体给予通力支持。我相信，我们这些曾经用汗水浸润过、用脚步丈量过大峡谷山山水水的人仍然宝刀未

2000 年作者又到雅鲁藏布大峡谷考察

2011 年作者重访大峡谷

徒步穿越大峡谷成功后作者在人民大会堂颁奖大会上

老，会和年轻人一道，用自己的智慧和热忱，让世界第一大峡谷的身姿更雄伟、更靓丽！

雅鲁藏布大峡谷在一批有责任、有担当、愿意用一生的实际行动践行科学理想的科学家们的无私奉献中，终于以世界最深最长的大峡谷的伟岸形象闻名于世，波涛汹涌、如喷如射的江流汇集着青藏高原源源不断的雪山冰川融水，携带着世界最高最大高原的热情，以崭新的姿态越过喜马拉雅山，流向孟加拉湾，流向印度洋。大自然就是这么无私、这么公平、这么神奇！印度洋和孟加拉湾并非只是单纯的受惠者，它们也知道回馈，它们将携带着热带亚热带海洋的热情和能量的水汽，以西南季风的方式，又源源不断地沿着大峡谷一路北上，反哺着青藏高原的雪山和冰川，不仅在青藏高原的东南部和横断山造就、发育了两处大型原始森林，还一路东进，给四川盆地，给中国的中部、东部，乃至更远的东亚、东北亚带来了丰富的大气降水。

作为世界第一大峡谷，雅鲁藏布大峡谷首先是以高山和谷地组合而成的世界上独一无二的地貌单元。在这种独特的地貌单元基础上，形成、发育了瀑布、跌水、温泉、雪山、冰川、森林、峡湾、角峰等一系列极具欣赏价值的景观体。而这些海拔反差巨大的地貌景观都蕴含着可以产生巨大经济效益、生态效益的自然资源，比如森林资源、地热资源、旅游景观资源、水利水电资源……

图书在版编目（CIP）数据

四极探险．雅鲁藏布大峡谷探险 / 张文敬著．-- 太原：希望出版社，2017.12（2019.6 重印）

ISBN 978-7-5379-7921-4

Ⅰ．①四… Ⅱ．①张… Ⅲ．①雅鲁藏布江—峡谷—探险—青少年读物 Ⅳ．① N8-49

中国版本图书馆 CIP 数据核字（2017）第 325661 号

四极探险

雅鲁藏布大峡谷探险

张文敬　著

责任编辑　谢琛香

复　　审　武志娟

终　　审　杨建云

封面设计　王　蕾

责任印制　刘一新

出　　版：希望出版社

地　　址：山西省太原市建设南路 21 号

开　　本：720mm × 1000mm　1/16

印　　刷：山西新华印业有限公司

印　　张：13　260 千字

版　　次：2018 年 4 月第 1 版

标准书号：ISBN 978-7-5379-7921-4

印　　次：2019 年 6 月第 2 次印刷

定　　价：38.00 元

编辑热线　0351-4922240

发行热线　0351-4123120　4156603

印刷热线　0351-4120948